灵性生活

让幸福来敲门

余翊嘉——著

中国城市出版社

余翊嘉

　　国家三级心理咨询师、张德芬空间AHC讲师、SRI整合心理疗法导师、西塔疗愈师。从小喜欢灵性与哲学，热爱探索自我、热爱探索生命和宇宙，也热爱生活与美食、热爱旅行与艺术。总之，热爱体验一切美好的事物。

生活难免失意，最重要的是，我们总是记得绽放自己的美丽！

谢谢玥嘉为所有女性朋友们加油打气！

——郭怀慈

灵性生活——让幸福来敲门

序

　　很开心得知余翊嘉写了自己的书。翊嘉是我们张德芬空间的学员，是我SRI整合心理疗法的学员，也是张德芬空间第一期的AHC讲师班学员，并学习过其他老师的很多课程。

　　作为一个曾经的金融行业的人，还做过公务员，然后转入心灵领域的文字创作不是一件容易的事情，是需要带着勇气和执着的——翊嘉就在这条路上做到了。她的经历让我想起张德芬老师类似的故事：因为内在的喜爱，在前方还未能完全看清楚的情况下，写了契合自己内在的书籍《遇见未知的自己》，结果火遍华语世界。

　　《灵性生活　让幸福来敲门》也是通过故事的带入，让初学者能够循序渐进的了解什么是心灵，如何疗愈，如何成长。

　　文中介绍了很多的流派、方法、练习。涉及有婚姻、情绪、信念、原生家庭、自我接纳、断舍离、意识能量、爱……很多的主题。应该说，这些主题已经涵盖了大众在内在成长中的大部分的需求。

最好的内容往往是来自于作者的亲身经历、体验、所学，相信这本书也是翊嘉在这么多年的学习、心灵成长的积累。

预祝每位读者都能在这些案例、故事、方法里，找到让自己更加快乐、幸福的路径。

卢熠翎

张德芬空间CEO

SRI自我整合体系创始人

NLP导师

系统排列导师

科学催眠师

心理咨询师

自序

　　初中起，我被汪国真老师的诗歌深深吸引。那些诗歌总是蕴含着哲理，每每读之都会令我的心灵为之一颤。可以说，汪国真老师是我探索心灵成长的启蒙老师。那时候，我正遭受同班同学的陷害，那次经历让我的身心受到了极大伤害。为了寻求自我疗愈，我踏上了心灵成长之旅。还记得当时看的第一套心灵成长书是台湾作家罗兰的《罗兰小语》，是这套书陪我度过了人生中的第一个难关，让我从此坚强地站了起来。当时我还不懂得什么是心灵成长，只是心中一直有这么一个信念："如果连这个难关我都能挺过去，那以后就再没有什么事是我过不了的！"

　　到高中时，深为哲学所迷，妥妥地当上了政治课代表，从此开始了我的哲学之旅。这一路上陪伴我成长的老师有很多，如张德芬老师、周国平老师、武志红老师、郭怀慈老师、李欣频老师、周介伟老师、克里斯多福·孟老师等……这些老师的书籍和工作坊，让我在认识自己、探索自己的路上不断前行，在老师们的智慧和爱的灌溉下，我慢慢懂得了自我疗愈，也开启了我蜕变的人生，非常感恩这些陪我成长的老师！

这些年，我遇见过许多痛苦的人、悲伤的人、心怀怨恨的人……看到他们在痛苦中无助地挣扎，我很想伸出手去帮助他们，可是发现自己手足无措，毫无办法。从那时起，我的内心便萌生了一个念头：我要在疗愈自己的道路上，同时用自己所学去帮助那些有需要的人！那一刻，我找到了自己的人生使命，而这个使命就是照亮我生命的光。

真诚寻找人生真正目标的人就会被目标找到。当我有了这份愿力，创作这本书的念头便清晰地呈现在我的脑海里。人生不只是为了工作、结婚或组建家庭而来，我们需要灵魂的提升、意识的进化。每一个平凡的日子，都是我们进化的积累。不要错过每一个微笑和友善的机会，这就是进化。书中集录了一些日常生活中可以用到的疗愈与修行方法，希望可以帮助人们把身心灵的修行融入日常的生活中。我把此书分享给有需要的朋友，如果此书对你有一点点的帮助，那就是我写此书最大的意义所在。

生命是一场人间的体验游戏，让我们开始在这场游戏中畅快地玩耍吧！

最后，与大家分享纪伯伦的一段文字：

如果有一天，
你不再找寻爱，只是去爱；
你不再想成功，只是去做；
你不再追求成长，只是去修缮；
一切就都开始了！

目录

你的心知道，
路在何方

爱是桥梁，
连接万物与你。

万物春生秋杀，
但是爱
没有季节。

用宽容的耳朵倾听，
用慈悲的眼睛观看，
用爱的语言说话。

无论何时，
当我们去爱——
没有期待，没有算计，没有谈判
如此，就真在天堂。

如果你的眼睛是睁开的，
就会看到值得看见的东西。

纯洁的心，

若向光明敞开，

将充满真理的精华。

不要满足于故事，

与其看别人怎样过活，

不如展开你自己的传奇。

当你开始上路时，

路就会出现。

你的心知道

路在何方

朝它奔跑吧！

——鲁米

第一篇
疗愈过往创伤

第1章
婚姻触礁

——初探心灵世界

一月的阳光暖暖地洒在布满了植物的窗台，心若看着窗外的蓝天白云，正愉快地构想着即将到来的新年旅行：到希腊爱琴海度假……"心若老师，与您预约做咨商的客户已经到了噢！"助理清脆的声音把心若从遥远的海边拉回了现实。

心若整理了一下衣服，这时一个眉目清秀的女孩怯怯地走进了咨询室，腼腆地自我介绍道："心若老师您好，我叫楠楠。"

"你好！请问你有什么问题需要做咨商呢？"心若微笑着问道。

楠楠微微地咬了一下嘴唇，轻声说道："我的伴侣出轨了，我很难过，不知道该怎么办……"

看着眼前这个年轻的女生，心若仿佛看到了当年那个同样无助、悲痛的自己。

二十多年前，心若是个刚刚从校园里走出来的青涩女生，单纯、不谙世事，以为爱情就是人生的全部，以为幸福就是遇到一个深爱她的男人，可以安心地在他的世界里，自由地体验着自己的所有喜怒哀乐……可是现实却给了她一个响亮的巴掌，把她疼得彻底从这个梦中苏醒过来。

刚刚毕业，心若进了一家大公司，在那里她经历了人生中最痛彻心扉的一段感情。她飞蛾扑火地把所有的热情都投入到这段感情里，可是对方对她的不在乎与不信任，以及最终的出轨，让她伤痕累累地退出了那场痛不欲生的恋情。那个时候，心若就在心里暗暗告诉自己："从此以后，我再也不会如此去爱一个人，我也不会再去爱了，以后找一个很爱很爱自己的人就好了。"而正当心若对爱情心灰意冷的时候，羽生出现了。羽生给了她无限的包容与爱护，即使一开始她对羽生坦白说自己心里还有别人，她还不想谈恋爱，羽生也依然无条件地去爱她、给她温暖。终于，心若被羽生的真情所感动，羽生不就是"很爱很爱她"的那个人吗？

半年后，心若和羽生走进了婚姻的殿堂。心若以为，她终于遇到了属于她的幸福，拥有了她梦想中的感情。可是，婚后的生活完全不是心若想象的样子……结婚以后，羽生把重心都放在了事业上，还说服心若辞职回家帮忙打理公司的生意。然而，当心若辞职后发现，羽生几乎天天早出晚归，总是留心若一个人在家里，孤独地面对还不太熟悉的家，以及羽生的家人……两个家庭的不同理念，以及婚前婚后的落差，让心若感到无所适从。无数个晚上，心若总是盼望着羽生可以早点回家和她说说话、谈谈心，可是羽生总是让她失望，经常直到深夜还在外面应酬。等到羽生回家的时候，心若内心已经上演无数场内心戏，然后赌气地总是对羽生一副冷冰冰的脸孔……而羽生，只觉得心若是在无理取闹，责怪心若不懂得体谅他、总是发脾气。他并不知道其实心若想要的，只是一个拥抱，或者只是一句安慰的话而已……误会与矛盾，就这样日积月累地在心若与羽生之间生根发芽，终于埋下了不幸的种子。

当心若知道丈夫原来已经出轨了十年的时候，她已经有了他们的第二个孩子。知道这个消息的时候，心若完全不敢相信这个事实。心若无法相信那个曾经如此爱她的男人，那个曾经给她承诺要照顾她一辈子的男人，竟然已经出轨了那么多年。那种被背叛的屈辱感深深地刺痛着心

灵性生活——让幸福来敲门

若的心，这个曾经疯狂追求她、要给她承诺的男人，最终还是离不开出轨的结局，心若彻底崩溃了……她反复问自己："为什么？为什么？为什么？……"

心若一直喜欢看心灵成长类的书籍，但是这次的伤痛实在让她无法承受，她知道只靠书本已经无法帮助她，于是，带着对世界的一份迷惘和伤痛，心若走进了身心灵成长的领域，她想要找到人生的真相，找到黑暗中指引她方向的明灯，不至于迷失在无尽的痛苦之中。

身心灵成长
是一辈子都需要的修行。

第2章
工作坊初体验

——情绪的释放与处理

愈透彻了解你自己和你的情绪，你就愈能成为真相的情人。

——斯宾诺莎

怀着忐忑的心情，心若走进了一位颇有名气的老师的情绪疗愈工作坊。走进教室，她就看到门口有两排穿着橙色长裙的工作人员在冲着她微笑，还很热情地和她打招呼，心若顿时感觉心里很温暖。心若深吸了一口气，把自己的伤痛压在了心底，还给工作人员一个礼貌的微笑。

课程很快就开始了，只见一位面容慈祥的老师不慌不忙地走上了讲台，微笑着看着大家说道："世界万事万物都是由能量组成的，在我们的身体中也同样流动着一种精微的能量，那就是我们平常所说的'气或情绪'。当我们产生情绪的时候，如果没有及时进行情绪的释放，这种负面的能量就会卡在你的身体里，储存在你身体的记忆中。所以今天我们工作的重点是情绪的释放。"

老师顿了顿，用温柔并带着笑意的眼光扫了扫在场的同学们，继续说道："不知道大家有没有觉察到，我们每个人几乎都会有明显的负面情绪大于正面情绪的情况？"

"是啊是啊，我总是很容易被激怒。"

"我经常感到自己很焦虑。"

……

同学们好像发现了什么新奇的事物似的，争先恐后回答说。

"我们的情绪天生就是负面为主的，大家知道这是为什么吗？"老师依然微笑着看着同学们说道："情绪与大脑运作的第一策略是生存，而负面情绪如恐惧、焦虑等更容易让你在原始的森林中生存下来。我们的头脑更容易去收集、记录、储存负面的情绪，这个方向的不平衡，需要我们人为地创造正向的经历使它平衡。每个人都有很多的负面情绪，我们积压在身体里面的负面想法必须被释放，允许我们的情绪去表达，而不是去压抑它、否定它、排斥它。如果你否定和压抑你的情绪，例如你的悲伤和恐惧，它们就会滞留在你的身体里，卡在你的身体中。长此以往，堆积在你身体里的负面情绪就越来越多，当你习惯了这些负面的情绪以后，如果你不继续喂养它，它就会制造一些让你感觉痛苦的事端，以此来产生它所需要的情绪来维生。所以，今天你们需要学习的，就是要直面你的负面情绪，勇敢地面对它、释放它、穿越它、转化它，而非逃避它。同时，注意不要与情绪抗争，因为凡是你抗拒的，都会持续，当你抗拒某件事情或是某种情绪的时候，你就会聚焦在那种情绪或事件上，这样就赋予它更多的能量，它就会变得更加强大。所以，看见了自己的情绪之后，要先接纳它。记住，不要用转移的方法去避开你的情绪，如果用转移的方法避开你的负面情绪，就等于是学会了用替代品来逃避情绪，例如吸烟、酗酒、吸毒、工作狂等各种上瘾症，就是转移情绪的结果。"

心若以前从来没有想过，原来关于负面情绪还有那么多的学问。回顾自己从小到大的经历，负面情绪好像从来就没有得到过支持和认同，不是被否定就是被压抑，或者被转移，从来都没有被无条件地接纳过、允许过。心若不敢想象自己身体里到底堆积了多少这样痛苦的能量，一直以来她的负面情绪从来没有被认可、被接受过，所以它们也从来没有离开。

"老师，请问那些觉醒的人会有情绪起伏吗？"一个留短发的女生问道。

"这个问题，我用《回到当下的旅程》里的话回答你：一个觉醒的人，他们有时也会像一般人一样对事情产生反应，经历恐惧、彷徨或是感到伤心和愤怒。所不同的是，他知道他只是暂时性地卡在分裂的幻象中，他不会相信眼前那些虚幻的故事——他知道那是'过去'将它投射到当下的结果。他也不会去认同情绪化的反应。而且不管当下升起了什么，他都会负起完全的责任，去拥有和接纳当下的经历体验。但是，他不会把它当成真相而有所行动。你会受苦，是因为你进入了人类头脑创造出来的过去与未来的世界，并迷失在那里。那个头脑创造的世界包含了你过去所有的创痛，但是在当下这一刻，创痛并不存在。你会继续受苦，只是因为你被困在过去的痛苦的记忆中，你不断地受苦，是因为你迷失在头脑里，你迷失在过去。"老师微笑着回答道。

接着，老师让同学们闭上眼睛。心若听到了一段很优美动听的音乐，跟着传来了老师温柔又带着慈悲的声音:"回顾你的生命,从什么时候开始,你感觉不到生命的喜悦了呢?是什么原因,让你内心开始封闭起来了呢?回顾你的生命,曾经发生过怎样的让你伤心、难过的往事呢?曾经谁那么深地伤了你的心呢?回忆起那段往事,感觉那份被你深藏在内心深处,那心碎难过的感觉……"

在老师一句句冥想词的引导下,心若听到身边许多同学的哭泣声。在这样的场域氛围中,心若渐渐看到了自己过往生命里许许多多的创伤,仿佛看到了初中时被两名女同学诬陷的场景,还有那时候妈妈相信了那些陷害她的同学却不相信她的那种委屈、愤怒和悲伤……心若还看到了那时候她心里唯一依靠的男友对她的背叛、对她的种种误解和不信任……一幕幕痛苦的往事涌上了心若的脑海,不知不觉心若的眼角也渗出了悲痛的泪水……

"是的,就是这样,感受此刻的那个愤怒和悲伤,感受它,感觉它在你身体的哪个部位?全然地感受它……现在你的面前有两个垫子,请你睁开眼睛,把它当成是你痛恨的所有人、事、物,把你的情绪尽情地、狠狠地发泄在垫子上吧!"

心若听到身旁一阵阵捶打垫子的声音,睁开了眼睛,也一拳拳重重地捶在垫子上。起初心若只是慢慢地一下下地捶打垫子，随着情绪的发泄，心若感觉多年以来积蓄在心里的愤怒和悲伤越来越强烈地翻涌上来，她不自觉地下手越来越快、越来越重，像雨点般疯狂地捶打着垫子，边捶边流着泪喊："我恨你们！我恨你们！我恨你们！……"

"去经历你的情绪，让这个能量自然地流露出来，不要压抑，把你压抑了几十年的愤怒和悲伤尽情地释放出来！"老师继续引导着。

一番疯狂的捶打以后，心若仿佛把积压了几十年的怨恨和悲伤一股脑地全部倾泻了出来。此刻心若感觉舒服了很多，压在胸口的那块大石头也消失不见踪影，心若感觉到了前所未有的轻松与畅快。

看到同学们都慢慢地平静了下来，老师温和地说道："好，现在请你慢慢地停下来，静静地坐下来，深深地吸气，深深地吐气，做几次深呼吸，回到这里，想象白色的或金色的光笼罩着你，让自己回到平静与放松的状态。"

静坐了片刻，心若听到老师的声音柔柔地飘来："情绪就是一些能量，让它自然地来去就好。爱、喜悦、和平是我们的本质，是我们的真我，如果说我们的真我就像是那永恒平静的蓝天，那情绪就像是蓝天上那一片片的云朵，是我们二元心智的部分，我们只需要任由它们自由来去就好，不需要去干涉它。我们会经常掉进小我的纠缠里，在愤怒、悲伤、怨恨、妒忌等情绪的纠缠里起起伏伏。负面情绪就像那黑暗的乌云一样，你驱散不走它们，你唯一可以做的，就是把光带进来。当光出现了，乌云也就消融了，这是千古不变的定律。"（张德芬）

"那怎么样带进光呢？喜悦就是消融负面情绪最好的光。"老师仿佛看到了大家心里想要问的问题，继续讲解道。

"生活中那些最简单的东西，例如到大自然的怀抱中，抱一抱大树、摸一摸小草、闻一闻花香……享受大自然那个最接近我们真我的振动频率；或是安排一个散心的旅程，带着活在当下的心情去感受每一个美好的片刻；或是唱一首你喜爱的歌曲、听一曲你喜欢的音乐；或是随心所欲地跳一支你喜欢的舞蹈；或是就坐在那里什么也不做，只是静心冥想……又譬如一缕缕透过窗台洒进来的阳光、路边一颗颗绿油油的小草、一滴滴叶子上闪耀亮光的露珠……在生活的点点滴滴中，都可以看到让你喜悦的东西，它们是无所不在的。"

听着老师的描绘，心若仿佛看到了被阳光温柔地包围着的自然万物，不禁沉浸在这个喜悦的氛围中……

当能量堵塞的时候，我们的认知也会出现问题，变得更加负面，我们会更容易陷在情绪的痛苦和念头里。改变身体的状态，可以改变能量的状态。改变呼吸、静心等，都可以介入能量的改变。我们有足够能量的时候，才能够改变我们自己，改变和他人的关系。当你有情绪升起来的时候，关上房门，找一个枕头、打开狂野的音乐，把你心里所有愤怒的、悲伤的话语全部说出来，尽情地释放你的情绪吧！如果有眼泪流出，就去享受它。眼泪可以让你内在开始流动、净化与转化。

我们有足够能量的时候，才能够改变我们自己，改变和他
人的关系。

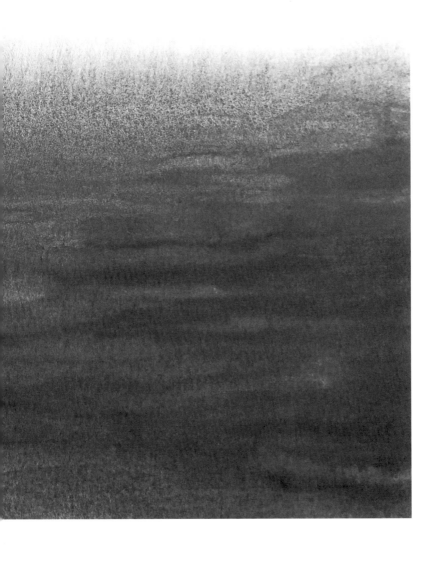

第3章
看穿情绪的诡计

—— 从负面情绪中觉醒与蜕变

客栈

人的一生好比客栈，

每个早晨都有新的来客。

喜乐，沮丧，卑劣，

某个瞬间的觉知，

像是意外的访客翩然到来。

欢迎并热情招待他们每一个！

即使是一群悲伤之徒，

恣意破坏你的屋舍，

搬空所有家具，

仍然要待之以礼。

因为他可能带来某些崭新的欢悦洗净你的心灵。

无论是灰暗念头，

羞愧或恶念，

都要在门口笑脸相迎，

欢迎它们进入你的内心。

不管来者是谁都要心存感激，

因为每位访客都是上天赐给我们的向导。

—— 鲁米

今天是阳光明媚的一天，不知道今天要迎接怎样的挑战呢？怀着激动的心情，心若走进了教室。

老师宣布了今天工作的重点——学会如何从情绪中觉醒、蜕变。在情绪中觉醒？心若从来没有听过这么奇怪的概念，不禁好奇起来。

"首先要认清的是，负面信念仅仅只是种想法，而不是事实。我们的想法、信念，就如棋盘上的棋子，有黑棋，有白棋，就像我们的正面信念和负面信念一样，但我们不是棋子，我们是那个无限广大的棋盘，棋子的起起落落根本无关紧要，永恒存在的棋盘即'空'才是我们的本质。这个世界没有对错，没有好坏，所有的发生都只是意识显化的结果。每一件事情的发生就像是在播一部影片，真正决定影片内容的，是投影机里的影带，也就是我们的潜意识。想要改变影片的内容，我们要去改变的是投影机里的影带而非屏幕，但是大多数人却总是对着屏幕作出各种各样的反应，妄图可以通过改变屏幕而去改变影片的内容。这种本末倒置的行为，结果是你根本无法改变任何事情，只会让自己陷入更深的困境之中。所以，让我们专注在放映影像的投影机，而非对着荧幕作出反应。去寻找那光亮的源头，而非光所投影显现的世界。就像《一念之转》里写到的：'你身外的一切人事物，全是你想法的投影。你是编故事的人，也是所有故事的放映机，整个世界都是你的各种想法投射出来的影像。人们为了追求快乐，一直设法改变外在的世界，但却从未奏效过，只因这种做法颠倒了问题的因果。我们要懂得去改变放映机——心灵，而不是试图改变投射出来的影像。好比放映机的镜头沾上一根纤毛，我们却以为银幕上的影像有裂痕，因而设法改变这个人或那个人，但这道裂痕或瑕疵会继续出现在下一个人身上。努力改变影像是毫无意义的，只要我们看清纤毛所在之处，便能清洁镜头本身，结束我们的痛苦。'"

老师顿了顿，望向大家继续说道："所有人、事、物的到来，都呼应着我们的头脑放射出去的想法。它们是来提醒我们，在我们的潜意识里面，到底有着怎样的负面信念。它们提醒我们，我们需要改变这些负面信念，才能创造真正美好的生活。因此，我们要感恩每一件事情的发生，感谢它带给我们的提醒。同时，我们要成为自己生命的观察者，扩展自己的格局和视角，去审视周围所发生的一切事情，让自己成为一个观察者，去看待生命中正在经历的一切。生活中所发生的一切遭遇，都是为了让我们能够透由对这些事情的观察，提醒与教会我们生活的道理和人生的意义，给予我们成长的机会。生命给予我们的礼物，是在成长中看见，在看见中不断成长。当我们懂得和看清这所发生的一切时，便会更清晰自己的意图，更容易走到要走的道路上，不偏移我们的轨道，并在一个更高的视角下，直奔我们的方向和目标。"

听到老师的话，心若想起《心诚事享》里看到的一段话："要留意每一次情绪来袭的时候，因为每当情绪来袭，就是当下立即觉醒的最佳时机，觉醒的机会就在每一天、每一分、每一秒。学会借由负面情绪深探自己、调整自己、清理自己，把被勾起的情绪议题做最彻底的清理，只有认出勾住你负面情绪的心灵宿疾，彻底去经验负面情绪，才能真正释放它、拔除它；直到没有任何人、事、物可以勾起你的愤怒与不快，你才能真正成为自己情绪的主人；也只有这样的蜕变，才会为你带来全新的质变，否则你就只是个被别人掌握悲喜的奴隶。永远记得，觉醒不在遥远的山上禅院或是教堂，觉醒就在你产生重大情绪的那一刻。"

"老师，那我们到底要怎么做，才能做到从负面情绪中觉醒呢？"心若不禁举手问道。

老师回答道："当我们觉得自己受害的时候，首先要跟自己的情绪待在一起，知道自己现在有什么样的情绪，然后问问自己，为什么我会在我的生命里创造这样的事件？它来让我学习什么呢？去看见情绪背后触发的原因，当你看穿这情绪的诡计，彻悟之后，这情绪就是你觉醒的关键跳板，等转换完情绪后，把这个负面情绪拿走，然后放上新的正面情绪，再去思考如何回应对方。因为同样一个人说同样的话，你用不同的思维态度回应，就会有不同的结果。只要你用超然的角度看，就能改变其本质与结果，如此才有机会将旧的悲剧模式转向。勇敢地面对、清理、净化、释放，放下令你感到不舒服的以及阻碍你活出更大喜悦与爱的所有旧有人、事、物和旧有模式，保持当下觉察，像个观照者一样去看待自己及所遇到的人、事、物。当遇到问题、挑战或者情绪爆发时，觉察自己的情绪，并让自己停下来、冷静下来，提醒自己当下可以选择：你要选择再次陷入以往那个容易被情绪带着走，容易让自己成为'受害者'，陷入不断向外在的人、事、物抱怨、批判、比较的旧有模式里，还是已经开始学会转变模式，从另一个全新的角度来看待问题？记住，只有你自己可以救赎自己。"

看到同学们疑惑的眼神，老师继续说道："举一个我自己的例子，以前我母亲自我价值感很低，总是不敢真实表达自己，刻意委屈自己去迎合别人。我曾经有一段时间对母亲的这种言行很反感，每当母亲有这样的言行，我就会忍不住生气。但是这样做对母亲问题的改善并没有任何

灵性生活——让幸福来敲门

帮助，反而使我和母亲的关系越来越紧张。后来我接触到身心灵成长以后，学会了去看自己情绪的背后到底是什么问题，为什么母亲的这些言行会引起我如此大的反感情绪呢？我发现是因为我自己内在也有低价值感的部分，我也总是不敢说'不'，总是去迎合别人，母亲的行为让我看到了自己不愿意自我接纳的这一部分，那个被我自己所压抑的部分，所以才引起了我这么大的情绪。找到了自己出现这种反感情绪的原因以后，我重新建立自己的价值体系，告诉自己，我是有价值的，我不需要讨好任何人去证明自己的价值。而对我母亲，我非常的感激，我感激母亲让我看到了自己的这个问题。当我有了这份感激之情，对母亲的这种言行也有了一份理解和接纳，所以我再看到母亲有这样的言行的时候，我也不再抗拒它、排斥它，而是接纳和尊重母亲的现状，不再有情绪的反应，当我这样做的时候，母亲反而有所改变，母亲的这些言行不再那么的频繁和刺耳，而我和母亲的关系也越来越好了。"

在《遇见未知的自己》一书中有这样一段话："亲爱的，外面没有别人，只有你自己。所有的人、事、物都是你内在的投射，就像镜子一样地反映你的内在。当外境有任何东西触动你的时候，记得，要往内看。看看自己哪个地方的旧伤又被碰触了，看看自己有哪些阴影还没有整理好。不要浪费能量在那些外在的、不可改变、不

第一篇　疗愈过往创伤

可抗拒的东西上。先在内在层面做一个调和整理，然后再集中精力去应付外在可以改变的部分。记得，每个发生在你身上的事件都是一个礼物，只是有的礼物包装得很难看，让我们心怀怨愤或是心存恐惧。所以，它可以是一个灾难，也可以是一个礼物。如果你能带着信心，给它一点时间，耐心、细心地拆开这个惨不忍睹的外壳包装，你会享受到它内在蕴含着的丰盛美好，而且是精心为你量身打造的礼物。"

跟着，老师布置了一个作业，让每位同学开始思考，所有让自己愤怒的、悲伤的事情，背后勾起了自己怎样的感受。心若不禁反思自己：我会对出轨的事情感到如此愤怒和悲伤，是因为对方的出轨勾起了我什么样的心灵宿疾呢？心若一边思考，一边在笔记本上写道：

1. 出轨让我感觉到自己不够好，一定是我不够好，所以对方才会出轨的吧？

2. 我对自己不够自信，所以才会觉得自己不够好吧？

3. 我感觉到被背叛的愤怒，最初有这样的感觉，是初中被同学诬陷的事件，当时我认为妈妈应该相信我而不是相信那些陷害我的人，所以我感觉妈妈背叛了我，而陌生的出轨勾起了我的这个被背叛的旧伤痛，所以我才会如此愤怒吗？

4. 这件事也让我感觉自己不值得拥有美满的感情，让我感受到了自己的无价值感。

5. 出轨的事也勾起了我的不安全感，我从小就是一个没有安全感的人，伴侣的出轨让我对未来充满了恐惧……

一番深思之后，心若一股脑地找出了自己的很多心灵宿疾，原来，认为自己不被爱所以怀疑自己不够好、自己的不自信和没有价值感、没有安全感才是问题的根源所在啊！想到这里，心若长长地叹了一口气……

"现在，我带领大家做一个冥想。"老师微笑着说道。

"现在请大家闭上眼睛，深深地吸一口气，慢慢地吐气……我们再来一次，鼻子深深地吸气，停驻一会儿，嘴巴张开，慢慢地吐气……深长地呼吸几次，安住在自然的呼吸之中，让你的身心安定下来。当你呼吸的时候，你的心会静下来，你的潜意识会跟着我的声音，感觉越来越放松、越来越宁静。

"做个深呼吸，让头脑安静下来，将你的注意力放在呼吸的起伏上。在练习的过程中，无论怎样的念头或想法升起，都不用管它，随时将你的觉知带回身体、允许念头来了又走，如同被风吹走。

　　"现在请你去看看这个让你痛苦焦虑的情境，你看到了怎样的画面呢？现在请你感觉一下这种焦虑的感觉，它在你身体的哪一个部位？它是什么形状的？它又是什么样颜色的？它看上去像什么呢？像一块大石头、还是像其他的什么东西呢？感受一下它有多重？是的，就是这样，全然地去感觉它，融入这种让你感到焦虑不安的感觉。

　　"现在请你慢慢地退后一步，看见这个处在焦虑中的自己。再向后退几大步，想象自己漂浮在宇宙中，从天空俯瞰银河系，在银河系中的无限细分的一个点上找到地球，找到其中焦虑的自己。你看见自己处在一个宇宙的大范围中间的一个点中，执着于当时的情境。现在请你环视四周的银河和星球，做个深呼吸。邀请你去想象，当你置身于这个星系的时候，你看见这个地球，它从远古开始到现在几十万年的历史长河里，你看见地球上的几十亿人，他们都经历了各种各样的命运、各种各样的事情，你所经历过的事情，他们都经历过，他们也曾与你一样有过许多的焦虑与恐慌……所有让你痛苦焦虑的情节，他们也都经历过，一代一代的人和历史，就是这样不断地重复、演进、往前，所有那些人的痛苦、烦恼、焦虑……最终也都灰飞烟灭，结束了，所有的意义、所有的经历，都将最终完结……现在请你做个深呼吸，去感受一下自己现在的感觉，允许让这个历史、让这个时间来到你，再次去看这个焦虑，想象它也会随着时间慢慢地往前，无论愿不愿意，它总会往前，最终会不停地向未来走。

"做个深呼吸，想象时间的线继续往前延伸，甚至超越你，未来的几十代、几百代、几千代，所有人都会经历他们想要经历的，都会去完结所有爱恨情仇。

"再做一个深呼吸，你现在有什么感觉？你是不是可以更加地放松一点去应对它呢？我邀请你把时间再往过去调整一点点，调整到这个事件还没有发生之前。现在，你可以按下一个按钮，把时间调整到事件还没有发生之前，然后面向你的未来，告诉自己：'等会儿你会有个经历，有可能不那么愉快，但是你经历它之后会更加智慧，你最终能够度过它。'

"现在，按下播放键，想象你在屏幕里面去经历这件事情，并且跨过这件事情、走向你的未来。让它成为你历史当中的一个浪花……

"现在我邀请你去想象一下，如果需要增加一些资源去帮助你面对那份痛苦焦虑，那会是什么呢？是智慧、力量还是其他什么呢？想象你所需要的资源像一束光，从宇宙中源源不断地流到你的身体里，让光洒落在你的身体，让光笼罩着整个空间，让光在你的身体里慢慢扩散，融入身体的每一个细胞，让每一个细胞都可以得到放松和宁静……做个深呼吸，我邀请你去重新整合你自己，感受自己与这些资源融为一体，把这个新的神经记忆储存在你的身体里，去更新你的记忆，然后感谢你自己潜意识的智慧。

"现在，请你把手放在胸口，说：'是的，我允许自己是喜悦的，我允许自己是一个全新的自己，我允许平和来到我的生命里、我允许智慧来到我的生命里、我允许好运来到我的生命里……我允许自己放下一切，我感恩所有的一切……'

"好，现在请你再做一个深呼吸，慢慢地回到这里，慢慢地睁开你的眼睛。"

做完这个冥想，心若忽然感觉心情变得平静了，甚至还有点舒心的感觉，"好神奇！"心若心里暗暗赞叹道。

最后，老师总结道："我们要学会向内探索，学会向内去疗愈旧伤。就如李欣频说的一样，要把这些旧伤蜕变成你生命的转折点，而情绪就是你内在的路径。所以如果你有任何负向的情绪，请不要躲避，而是要向内探索，探究这个负面情绪到底是从哪里来的，然后勇敢地去清理这些连接，彻底地疗愈好自己，这样才不会带着过去的负面情绪继续前行。希望同学们都能把握住每一次探索自己、赢得生命礼物的机会！"

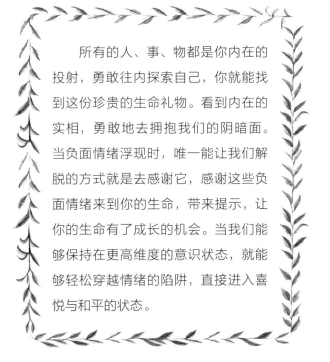

所有的人、事、物都是你内在的投射，勇敢往内探索自己，你就能找到这份珍贵的生命礼物。看到内在的实相，勇敢地去拥抱我们的阴暗面。当负面情绪浮现时，唯一能让我们解脱的方式就是去感谢它，感谢这些负面情绪来到你的生命，带来提示，让你的生命有了成长的机会。当我们能够保持在更高维度的意识状态，就能够轻松穿越情绪的陷阱，直接进入喜悦与和平的状态。

第4章
原来皆是错误信念在作怪

—— 改写限制性信念，掌握你生命剧本的主动权

今天老师提到了"人类木马程序"，这是心若从未听过的新概念。老师说，"木马程序"比喻的是人身陷困境难以自拔的状态，是人类无止境"鬼打墙"的自苦循环。老师还提到在《人类木马程序》一书中写道："绝大部分人似乎都中了'集体木马程序'：认为自己不够好、不够美、不够健康、没人爱、没有天赋、不自由、钱不够多、没时间做自己喜欢的事，老是事与愿违，找不到生命的意义与使命……"，书中对人类木马程序也有详尽的解释："绝大部分人的头脑中都埋藏着木马程序，一如计算机中毒，人们会在毫无觉察的情况下被篡改潜意识、控制自主性与行为，在相同的情绪情境中一再受困，不断制造出无意识的'鬼打墙'，在不快乐与挣扎中轮回，而这些木马程序即是人生的框架。一旦有了木马程序，就非常容易断章取义、移花接木，把别人的话剪接成符合这组木马程序的概念。外在世界是由我们的眼睛与心灵的频率决定的，

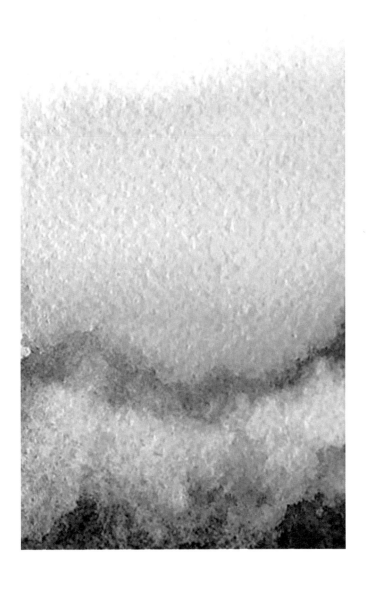

改变自己的过去也代表未来将看到什么也会改变。"老师还说，只要学会觉察并破解自己的木马程序，就能掌握自己的生命剧本。

我已经找到了自己问题的根源，那到底如何调整自己、清理自己呢？想到这里，心若迫不及待地问道："老师，透过情绪，我看到了自己觉得自己不够好、不自信、没有价值感和没有安全感等一大堆木马程序，还有感觉到被背叛的愤怒……，那找到了自己有这些问题以后，要怎么破解它们呢？"

老师微笑着对心若说："嗯，你能够在自己的情绪背后找到这么多问题，真的非常不错！其实每个人的潜意识里都存在着'觉得自己不够好'的信念，'觉得自己不够好'这个想法，是来自我们和真我分离的结果，不是真实的。我们在母亲子宫里的时候，感觉自己是非常安全的、与世界合一的，当分娩开始的时候，分裂就开始了，于是我们开始感觉到不安全以及与'宇宙'分离的痛苦。《人类木马程序》里写道：'觉得自己不够好的木马程序，会让人的人际、感情、金钱等各方面都会自行运作出痛苦的生命剧情，因为她不相信自己值得爱，同时也会无意识地不信任他人，所以她会有意识地推掉爱。即使别人说她好，她也会自责、自卑，觉得自己不够好，这个信念不放过她，最终创造出自己的地狱。'《与神对话》里也说：'假如你知道你是谁，知道你是神创造的生命中最美好、最非凡、最优秀的，那么你将不会害怕。'可是你不知道你的真实身份，你以为你非常卑微。美好如你，这种认为自己微不足道的观念是从哪里来的呢？它来自那些你最为重视的人，也就是你的父亲和母亲。每个人潜意识里对父母都会有一点的负面情绪，因为父母不可能是完美的，父母无法满足孩子的所有愿望，所以正是你的父母让你感觉爱是有条件的，而你将这种经验带入到你自己的爱的关系。真相是，每个人都不够好，每个人都有阴暗面和缺点，但是每个人都值得被爱，被无条件的爱。"

老师停了一下，看着大家继续说道："当有人总是不断地在挑剔你时，你会感到生气吗？如果会，那么请你先停下来，退后看着这个情绪，盯着它、看穿它，思考一下自己为什么会生气？是否因为对方的这个行为，挑起了让你感觉到自己'不够好'的感受？如果是，那么你已经找到了一个潜意识里潜藏的错误信念：'我不够好'，接下来，你就要再思考一下，从什么时候开始你产生了'我不够好'的信念呢？是从小就存在的吗？还是小时候发生了什么事让你感觉自己不够好呢？然后下一步，就要把这个错误的信念从你的脑海里删除掉，并告诉自己，每个人都是宇宙中独一无二的存在，而此刻就是最好的自己，我本自具足，完全不需要再做什么去变得更好。李欣频说，把'觉得自己不够好'这个木马程序彻底卸载，以信任自己、爱自己的频率，去做自己喜欢的事，以'自信、喜悦'的频率取代'焦虑渴欲'的频率，人生会从此不一样。而对于总是挑剔别人的人也是一样，你之所以会总是挑剔别人、批评别人不够好，其实是你自己内心觉得自己不够好，但是你不承认自己不够好，于是就转而去批评别人，从而获得优越感以证明自己很好、很优秀。这类人同样也需要彻底卸载'自己不够好'的木马程序，并且重建'现在就是最好的自己'的信念，如此才能不再总是挑剔批判别人，把阻碍你人际关系的卡点彻底地删除。

"所有的得道成圣之人，例如佛陀、耶稣，他们都发现了同一件事情，那就是原来我们每一个人的内在都本自具足，原来我们每一个人都是上帝的孩子，原来我们每一个人的内心本来是一个佛子。这些圣人都那么清晰地发现了这件令人赞叹的事情，那谁才是那个不知道这件事情的人呢？那就是还没有成道成圣的我们这样的普通人，是我们自己还没有认识到我内在就是本来具足的。成道成圣的这些圣者，他们告诉我们本来就是完美的，请把这件事情一定放在我们的心上。觉得自己不够好，是人类本质的一部分，问题不在于觉得自己是不是够好，问题在于一旦这种不够好的念头上来的时候，我是怎么去面对它的？

我是怎么去应对它的？我的情绪是如何升起的？我在形式、语言上是怎么对待自己、怎么对待别人的？这才是要点。所以我们可以换个方式，去看是什么时候、在什么状态下我开始认为自己不够好。在那个状态下我可以怎么转念？我可以怎样采取新的行动？我可以仍然看到那个'不够好'，但是我可以转身离开，去做能让我觉得自己足够好的事情。

"举个例子，如果你的菜做得不好，但是做菜这件事情对你是重要的、是没有办法逃避的，那么现在不够好没关系，我们可以学习变得更好，今天不够好，明天会更好。我们有一个共同的英雄，叫科比，他为什么是大家的英雄？不只是因为他天生就够好，而是他那种奋战不懈的精神使他成为英雄，是他每天早上四点就开始练球的那种精神使他成为大家的英雄。那么在他的心中，如果他认为他已经是完美的无人可及的，还会需要每天早上四点就去练球吗？他知道自己天生的长处和短处，但是如果篮球对他那么重要，他愿意在早上四点钟就出现在球场上开始训练，他采取了行动，这是他和我们大部分人之间的差别——面对觉得自己不够好这件事情，我们如何采取行动。

"关于'不自信'这个木马程序，可能很多人会说，

033

第一篇 疗愈过往创伤

我就是没有什么特别，我就是无法自信，我就是没有能力（张德芬）……很多人都太容易自我否定，有关自信心常见的一个误解就是：自信心来自能力，如果你想拥有自信，就必须对自己所做的事情非常擅长。这其实是个错误的观念，一个人可以能力不足，却同样具备自信心，或者这个人可能很清楚地知道自己能力不够强，但还是非常有自信，信心与能力其实一点关系也没有，自信是靠行动来维持和发展。因此想要建立自信，'敢做'是比'会做'更重要的事情。信心是可以培养的，那就是允许自己真实地表达。人最宝贵的就是真实感，一个人的自信心，真正的根基就在于你有没有在做真实的自己，因为真实感会让你觉得自己特别有力量，所以能真实表达的人才会有自信。还有就是要去爱自己，不是要等到你有力量、自信了才去爱自己，而是你爱自己才会有力量、才会有自信。

"有些人特别喜欢比较，有比较之心也是缺乏自信的表现。蒋勋在《生活十讲》里写道：'有自信的人，对于自己所拥有的东西，是一种充满而富足的感觉，他可能看到别人有而自己没有的东西，会觉得羡慕、敬佩，进而欢喜赞叹，但他回过头来还是很安分地做自己。'关于自信，很重要的一点，就是要自我肯定。自己肯定自己才是最重要的，而且已经足够了，不需要从别人那里获得肯定和认可。如果你不肯定自己，即使全世界都说你很棒，你都不会相信；如果你衷心肯定自己，就算全世界都说你很糟，你也不会信。所以，提升自信最简单直接的方法，就是给予自己积极正面的肯定。每当你感觉自卑的时候，可以尝试无条件地去肯定自己，利用积极正面的语言来激励自己，告诉自己'我是最棒的，我肯定可以的，我是一个自信的人。'《心理暗示力》里提到心理学有研究积极心理暗示对人的影响，其中最著名的催眠心理治疗，就是通过对潜意识进行暗示，来解人的心理问题。正面的心理暗示与自我认可，能够慢慢地坚定我们的信念，而坚定的信念是自信心提升的基础。当你脑海中浮现任何负面的话的时候，例如'我不够好、我很笨'等，记得把这些负面的宣言转换成正面的肯定句，不断地说，直到你可以自在地说出口为止。记得无论你要对自己说什么，话里一定要充满了爱。

　　"自信往往是一件事能否成功的关键，当你有自信、自我负责的时候，根本不会在乎别人的评价。《人类木马程序》里写道：'正如亚历山大·劳埃德（Alexand Loyd）博士所说的：人类的问题只有两种根源，一个是感到自己不重要，一个是没有安全感。人类亿万种问题，都不出这两类范围……疗愈的方法千百万种，但其实只需要直接修复这两个核心议题（生命地基）就行，只要恢复自己原厂设定的自信（自我价值的认同）与安全感，所有问题都

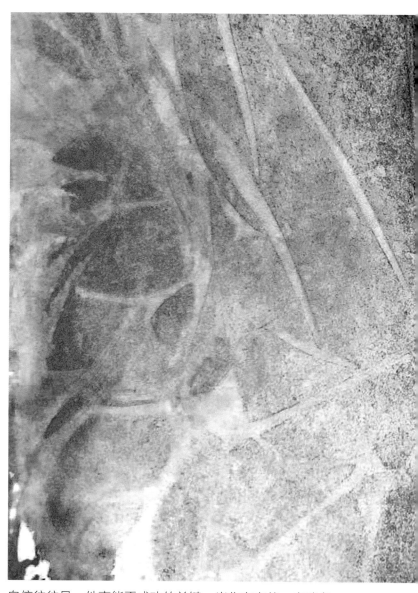

自信往往是一件事能否成功的关键，当你有自信、自我负责的时候，根本不会在乎别人的评价。

会瞬间消失。'我们都是完美的，然而念头、信念、意见与判断是不完美的，这些干扰与局限的程序在生活的每时每刻，都通过社会与我们之间的经验输入我们的意识里。一旦我们开始欣赏自己，恢复自己的真正本质，别人也就更能欣赏你、认可你，而这与你的学历或你所拥有的东西都毫无关系，就仅仅与你本身有关。

"对于'没有价值感'这个木马程序，我首先给大家讲一个寓言故事：从前有一只小老鼠觉得自己太渺小，所以特别希望能找到最伟大的东西。有一次他抬头一看，天空如此的广阔，就觉得天是最伟大的，于是他就对天说，你是不是什么都不怕？我这么渺小，你能给我勇气吗？天告诉他，我也有怕的呀，我最害怕乌云，因为乌云能够遮天蔽日，它遮住我的面容时，我什么都看不见了。于是小老鼠觉得乌云更了不起，就去找乌云说，你能遮天蔽日，应该是最伟大的吧？乌云说，我也有怕的啊，我最怕风。我把天遮得密密的，大风一吹就把我给吹散了。于是小老鼠又跑去找风说，你是最伟大的吗？风说，我也有怕的啊，我最怕墙了，地上有堵墙的话我根本绕不过去，所以，高高的墙比我还厉害！于是小老鼠就跑去找墙，说你连风都挡得了，你是不是最伟大的？墙说了一句令他非常惊讶的话，这座墙说，你不知道我最怕的就是老鼠了，因为老鼠会在墙下面钻洞，总有一天我会因为若干个鼠洞而轰然倒塌的。这个时候小老鼠才恍然大悟，整个世界都找遍了，原来最伟大的是自己！伟大不在外面，在自己内在。这个寓言故事告诉我们什么呢？每个人都有自己的长处，不能因为看到别人好，就觉得自己一无是处，尺有所短，寸有所长，再伟大的人也有自己的短处，再渺小的人也有自己的优点，所以我们不必拿别人的优势来和自己的短板比，你的长处或许是他人永远都无法比拟的。就像大自然中没有两朵花长得一模一样，也没有两片叶子长得一模一样，所以你也是独一无二的。也因为你的独一无二，你的价值不会因为别人去赞美你而增一分，也不会因为别人贬损你而减一分，你本来就是自足圆满的，你是值得被爱的。如果一个人有足够的底气，知道尊重是来自自己而不是别人，别人的态度就不会有任何伤害到你的可能。自我价值应该由自己来决定，与别人无关。好好重建自己的价值体系，通过自我认可与自我肯定，给自己足够的价值感，这样即使未来没有工作、没有头衔，也没有任何问题。"老师一口气回答了心若的问题，心若不禁暗暗佩服老师的智慧。

"至于'没有安全感'这个木马程序，"老师继续说，"这与'不自信'的信念是有关联的。《镜子练习》里写道：'一个人能不能快乐以及顺利的在这个世界上活下去，最基础的就是安全感，组成安全感的第一部分就是镜像，镜子呈现的影像。成长初期，这个镜子就是我们的家庭和父母，照顾我们的人。你笑的时候，镜子里的人给予你的是微笑，你就是被允许和真实的；你哭的时候，镜子里的人给予你哭泣或悲伤，你也是允许存在和真实的。父母是否在成长初期就给予孩子情绪的允许和呼应，就决定了我们是否会真实地表达自己的情绪。如果他的感受是不允许被真实表达出来的，就会转向对内攻击自己、批判自己，从而对自己产生怀疑与不自信。'所以，没有安全感的人一般都是没有自信的，而其实所谓的'没有安全感'只是我们的自我设限而已。在《人类木马程序》里就有这么一段话：大自然本来就没有'稳定'的概念，每分每秒都在变化，万物却活得很好。安全与自由本质上是两个想抵触的概念，就像动物园里的动物一样，不用为生活发愁，但是没有自由。很多人选择安全地待在'笼子'里，却老是眼巴巴望着外面想要自由。想要从安全到自由，必须相信自己的能力，拿回自己的决定权，并对自己百分之百负责。

"而至于你感觉到的被背叛的愤怒，可以告诉我你在初中的时候经历了什么事吗？"

"好的。那是在我初二那年发生的一件事。那时候班上有一个女生喜欢班上的一个男生，可那个男生却告诉她，他喜欢的是我。那个女生因此嫉恨我，和班上另外一个女同学一起合谋诬陷我：那个女生故意接近我的好朋友，并取得她的信任后，从我好朋友那里打听我周末的行踪，当她们得知我有一个周末和这位好朋友去逛街的时候，那个故意陷害我的女生就抓住这个机会，假扮成我的班主任打电话给我妈妈，诬陷我周末和男同学去逛街、谈恋爱，还去了游戏机室……那天我放学回家，一回家就遭到妈妈劈头盖脸的训斥，当时我根本不知道发生了什么事，我非常的委屈、悲痛，我怎么也想不到平时那么乖巧的我，居然会遭到妈妈如此的责骂，而让我更无法接受与痛苦的是，妈妈居然相信了那些陷害我的人！当时我只感觉整个天好像都要崩塌了，我心里最爱的妈妈竟然不信任我！虽然事后妈妈去学校了解情况后知道我是被诬陷的，但是伤害已经造成了，而我的心在那一刻已经做了个决定，我从此隔断和所有人的联系，我不会再信任任何人！这份被自己的好朋友出卖、背叛，以及被妈妈不信任的痛，远远超过了女同学陷害我所带给我的伤害。从此以后我就像变了一个人，变得冷漠地对身边的每一个人，我不再和任何人交朋友，也不再和任何人交流，我不想再承受被朋友背叛的痛。后来，我开始把感情寄托在爱情上，我渴望有人可以真心去爱我、保护我……"这时的心若早已泪流满面。

"我理解你的伤痛，那时候妈妈就是你的天，忽然这片天崩塌了，对你的伤害一定是巨大的。但是，如果因此你认为妈妈不信任你就是背叛了你，其实这是个错误的信念。妈妈只是用她认为对的方式去爱你，只是这个方式不是你想要的方式而已，妈妈如果不信任你、不爱你，后来又怎么会去学校了解真相，还告诉你事实真相是什么呢？当时妈妈已经尽她所能做到最好了，妈妈一直都是爱着你的，只是方式不对而已。改变你的那些错误的信念，理解妈妈吧。那件事之后，你人生中又发生过什么事情吗？"

"后来我交过几个男朋友，但他们都不约而同地背叛了我，包括我现在的先生。"

"你和先生之间是什么问题呢？"

"我也说不清，其实先生对我还是挺好的，但就是感觉我和他之间的关系比较冷漠，没有温情。"

"你有孩子吗？"老师问到。

"我有两个孩子。"

"那你的两个孩子有什么让你烦恼的问题吗？"

"也没有太大的问题，就是女儿比较容易钻牛角尖，总是感觉我们偏心弟弟，然后弄得自己很不开心，也很累。但其实有时候我们对她甚至比对弟弟还要好，这个问题让我有点烦恼。"

"好的，可以告诉我两个孩子的出生日期吗？"

心若把孩子的出生日期给了老师，老师看了看，很快就有了答案："你的两个小孩是非常有爱心的，内心都很柔软，都不是那种特别小气的孩子。但是他们很需要精神层面的抚慰。"

"老师，那我需要怎么做到呢？"心若迫不及待地问道。

"你看小宠物狗狗就明白了，小孩也是这样的，他们喜欢拥抱、抚摸等身体接触，因为这样他们才能感觉安全。两个孩子都需要你这样去爱，那么他们内在的被爱的感受就会被满足。尤其是你儿子，你家的男孩会很黏妈妈。如果母亲的爱得不到满足，长大以后他就会从另一半那里索取爱。所以你要经常与孩子有一些肢体接触，对孩子来说，他们会感受到心灵层面被理解被支持。但是，这样的孩子内心总是会有不被爱的感觉，容易'挑刺'，这

第一篇　疗愈过往创伤

样子的挑刺就是母亲做了好多，但只有一件事情忽略了，他就会认为妈妈不爱我。"

"是的，这方面我女儿特别的明显。"心若回答道。

"那你和女儿的关系怎么样呢？"

"还可以吧，就是感觉比较疏远，我好像走不进女儿的内心。"

"你和儿子关系怎么样？"

"我和儿子关系很好，儿子很喜欢黏我。"

"那你自己感觉一下，为什么和女儿的感情会比较疏远呢？在她很小的时候，你是不是跟她也是有一定距离？"

"是的，为什么会这样？"

"因为那时候我与先生的感情不是很好，家庭氛围比较冷漠，我那时候非常的抑郁，对女儿的关心照顾也就忽略了些。"

"那我明白为什么你会生下两个这样子的孩子了，他们来是为了唤醒你的爱。因为对你来说，其实你的内心一直是感觉自己不被爱的，所以才创造了这一系列不被爱的故事：对方总是会背叛你。"

"是的，我有很深的不被爱的感觉。"

"你的内心是拒绝爱的。其实那是一种恐惧，你害怕一旦再爱的话，最终还是会被抛弃，得不到你想要的爱，内在的你对亲密关系的爱有很大的恐惧，所以才不愿意走得很近。"

"是的……"

"回到你的内在，感受一下为什么你的两个孩子都需要你的拥抱与抚摸？你和你的先生却没有办法这样亲密？你在情感上有一种封闭的感觉，你是拒绝亲密的情感的。你对爱这种感情故意的麻木，内心却又需要很亲密的连接。因为你没有得到，所以从此之后再也不要亲密的连接了，在你内心深处你觉得你要也得不到，干脆不要了。"

"好像是这样的……"

"你的感觉是封闭的，你的爱也是封闭的。如果你的爱回不来，你的两个孩子也会有问题的。两个孩子的到来就是为了唤醒你心底沉睡的爱。"

"老师，那我要怎么做呢？"

"去面对它，找回爱的感受。两个孩子每天都在你身边说'妈妈给我爱、妈妈给我爱'，可是你却没有爱给予他们。回到你的童年，你妈妈那时候是不是也是这么冷漠？"

"是的，我感觉妈妈很坚硬，和我之间的感情很疏远。"

"你和妈妈之间的矛盾在哪里？"

"妈妈只是照顾我的起居生活，与我没有任何心灵上的沟通。"

"现在你无意识地活成了和你妈妈一样。妈妈的这种冷漠在你的内心深处，我连接你的能量时感觉到很冷，心里面像冰一样。你现在是两个孩子的母亲，你继续这样疏离的话，你的两个孩子以后也会这样的。"

"我女儿现在已经是这样了……"

"所以为了你的孩子，你得去面对这个事情了，否则你妈妈、你、你的孩子会以这样的模式轮回下去。我看到一个画面，我看见一个七八岁的小女孩，穿着粉红色的小裙子，扎着马尾辫，仰头看着妈妈，妈妈很高大、很远。我描述这个画面你有什么感受？"

"想哭……"

"那就哭吧，尽情地哭。"

"你特别渴望被妈妈抱抱，渴望她是一个伟大的、温柔的、慈悲的妈妈，摸摸你的头、抱抱你，但是好像这个渴望一直没有被实现。"

"是的。"

"你与妈妈的情绪是不能流动的。现在观想你妈妈站在你的面前，看着妈妈的眼睛，在心里大喊：'妈妈，我好想你爱我，好想你抱我！'多喊几遍，大哭一场吧。"

听了老师的话，心若不禁眼眶湿润了，泪水顺着她的脸颊流了下来。

"你可能也从来没有要求过妈妈爱你，是吗？"

"没有，我从来不表达自己的内心。"心若哽咽着说道。

"把情绪全部表达出来，使劲哭，你压抑得太久了……小时候你妈妈她也不会表达爱，而且性格比较坚硬，那不是你想要的。直到初中发生了那件事情，你没有想到妈妈竟然如此对你。你失望了，于是在内心深处封闭了你的感情，因为你以为永远都不会得到妈妈的爱。我能感受到你的绝望和无力感，所以你一直沉浸在这样的频率里：不被爱、得不到爱。"

"是这样的……我想象中的母爱，妈妈很亲密地抱抱我、摸摸我，可是我却一直没有得到那样的母爱。"

"所以你就认为自己是不被爱的。"

"是……"心若哭着回答道。

"这个是不是你后来所发生事情的因呢？"

"可是我明明那么需要爱、渴望爱，为什么我要创造一个他们都背叛我的剧情呢？"

"因为你已经给自己判死刑了，你觉得自己永远得不到爱。你的渴望是没有力量的，是不笃定的，所以你觉得会有结果吗？"

"嗯……对待感情我都是随缘的，我不喜欢强求。"

"你不觉得随缘这个词很没有力量吗？是你不愿意面对。遇到真正爱你的人，你也会逃开，就像你的先生。"

"好像是的。"

"你天天渴望爱，可是当真的有了，你却承载不了，你害怕了。你害怕被拒绝，你害怕你一旦跳进去之后会被伤害……最初的那一个伤害是你妈妈给你造成的。"

"是的……那我现在要怎么办呢？"心若无助地问。

"为了唤醒你，来了这样能量的两个孩子，现在你也当妈妈了，那么你这个妈妈与你的妈妈一样吗？你一样替孩子着急，一样与女儿的关系并不亲密。你爱孩子吗？"

"爱。"

"你妈妈爱你吗？"

"爱。"

"问题不就解决了吗？你不觉得这是一个误会吗？妈妈为你操了一辈子的心，你却认为妈妈不爱你。现在能不能感觉到妈妈的一份苦心？"

"嗯，可以，是我误解了妈妈。"

"现在想起妈妈是什么感觉？"

"想哭……"

"妈妈给你爱了吗？"

"给了，但那不是我想要的……"

"那妈妈给你爱了吗？"

"给了……"

"承认妈妈爱你吗？"

"承认。"

"就像你和女儿一样，女儿想要的爱与你给到的爱不一样。无论如何，妈妈都给你爱了，是吗？"

"是的。"

"你现在能不能收到这份迟到的爱？它在天空盘旋了十几年、二十年、三十年……能不能收下它？无论它是以什么样的方式，能不能收下它？"

"嗯……"心若哭得稀里哗啦。

"你是一直被爱着的孩子，被妈妈爱着、被妈妈惦记着。你还计较方式吗？"

"不计较了。"

"给妈妈道个歉吧？"

"嗯。"心若呜咽着。

"观想妈妈在你面前，对妈妈说：'妈妈，我误会你了，我知道你爱我，在这一刻我收到了你的爱，我完完全全收到了你对我的爱。这么多年来，我知道你都在爱着我，我现在也愿意跟你在一起，我接收到了你的爱。我知道我是被爱着的，我从来没有被抛弃，我也从来没有被否定。妈妈，我收到了你的一番苦心，我会好好珍惜这份爱。妈妈，我爱你，我好爱好爱你！'"

心若闭上眼睛，想象妈妈就在自己面前，跟着老师的话语说了一遍。

"现在还感觉自己不被爱吗？还在找吗？"

"没有了……"心若又哭又笑地回答。

"以后不用再找爱了吧？那么多人都在爱着你，你瞎找什么啊！"

"嗯！"

"你为什么有了两个这样的孩子？其实是你把亲密的关系，那份你没有得到的非常亲密的关系投射到了你的生命里。你的孩子就像你的内在小孩，在那样的亲密关系里，有那种非常亲密的互动的时候，就能够唤起你童年的记忆，也能满足你童年不被爱的那种感受。所以，你现在知道是什么原因了吗？"

"是我的问题吗？我和我妈妈的关系影响到了我和孩子的关系？"

"你认为呢？但是你不要觉得你错了，因为你的童年也是那样体验的，所以你女儿更像是童年的你。童年的你需要什么？你的孩子就需要什么。需要父母的爱，例如多接触啊，多抱抱啊，是不是你女儿也一样？你现在这样对女儿就行了，女儿就像从前的你。其实你会发现，当你跟女儿之间由疏离到慢慢地两颗心在走近，到最后跟你亲密无间的整个过程，你的内心就被疗愈了，这也是了解自己的过程。当你内在的爱满满的时候，当你跟你妈妈之间的那个心结完全解开的时候，其实就知道该怎么跟女儿互动了。这个时候你的心就静下来了，你就回到了内在的自己，你其实内在是有力量的，然后突然就能够看懂女儿了。她的每一个行为、每一个动作，你突然就懂了，你就知道她为什么要那么做了，就像以前小时候的你一样。那样，你是不是就不会再重蹈你妈妈的覆辙了？"

"是的。"

第一篇　疗愈过往创伤

"在你小的时候，你认为妈妈不爱你，不信任你，现在你女儿也认为她的妈妈不爱她，不信任她。你女儿就像是小时候的你一样。所以现在，你是不是能够找到跟女儿互动的方式了呢？你是不是能够破解你们这个轮回呢？你妈妈之所以'创造'了你，是因为她也没有爱，她也不懂如何去表达爱。你妈妈与她的妈妈之间可能也会有类似的问题，她把这个问题又带到了跟你之间的关系里。但如果你还没明白，那就会继续这个轮回的模式，你女儿也还会继续这个轮回的模式，而且这个能量是越来越加剧的。女儿是很直接的，你和你妈妈之间就不是直接的，是很隐晦的。你和你女儿之间的矛盾如此直接，是因为有了弟弟这个能量，其实就是让你在这一世去解决这个问题的。"

"解决我跟我妈妈关系的问题？"心若问。

"其实是让你真正体验到爱，成为一个非常有爱的能力的女人。"

"成为一个非常有爱的能力的人？"心若不解地问道。

"对，这个爱的能力是什么呢？就是你能够真正地知道，你的内在能够清明地知道，妈妈爸爸对你的那个其实是爱，你能够接受他们的爱，这样你才能够跟你祖先的能量连接上，从而很好地与孩子互动，并能够传承与延续这种爱，这才是你为什么去创造这两个孩子的原因，他们的到来是为了唤醒你的爱。"老师一语道破了心若的痛点，心若恍然大悟地叹了口气，人啊，真的是爱作茧自缚啊！

破解了自己那么多的木马程序，心若感觉到前所未有的轻松，她知道自己从此刻开始，已经卸载了旧有的、导致她人生一系列不幸的木马程序，重新装上了和平、喜悦的新信念系统，带着这种和平喜悦的心情，心若沉沉地睡去。

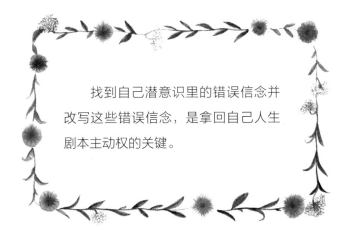

找到自己潜意识里的错误信念并改写这些错误信念，是拿回自己人生剧本主动权的关键。

第5章
是什么让生命翻了跟头

——中了"女儿是爸爸上辈子的情人"之毒

又是新的一天，今天老师会带给我们一些什么特别的体验呢？怀着期待的心情，心若来到了教室。

"今天我给大家示范一种疗愈方法——家庭系统排列，简称家排。相信在座的很多同学都有听说过这种疗愈方法吧？家庭系统排列（Family Constellation）是一种家庭治疗方法，是由德国心理治疗大师伯特·海灵格（Bert Hellinger）经40多年的研究整合发展的心灵工作方法。今天我会用家庭系统排列的方法给大家现场工作。好，现在在座有谁有需要处理的问题吗？"老师看着大家，微笑着问。

"老师，我有问题需要处理。"心若第一个举起了手。

"好的，那么请你简单说一下你的问题是什么？"老师看着心若，温和地说道。

"我的先生有了外遇……我不知道该怎么办。"心若脸有点红，小声地回答道。

"好的，明白你的问题了，请坐下吧。那么现在我就心若的问题展开一个家庭系统排列的场域。我需要请一位同学代表心若，再请另一位同学代表心若的先生。请问现场有哪位同学是有家排经验的？"

老师话音刚落，就有十几双手举了起来。老师扫视了一下全场，邀请了两位同学分别代表心若和她的先生。

"家庭系统排列的场域一打开，自然会有能量指引你们作出回应，你们不需要有任何的念头和想法，只是放下头脑，听从内心的声音去做就可以了，明白了吗？"老师向两位代表说道。

"明白了。"两位代表同时回答道。

在老师的指引下，心若的代表与心若先生的代表面对面地站着，他们之间有十米左右的距离，然后老师说道："现在请你们闭上眼睛，做三次深呼吸……很好，进入你的角色……。"

同学们都好奇又兴奋地盯着场内的动态，看看接下来到底会发生什么样的事情。这时，只见"心若"朝着她的"先生"走了过去，但是她的眼睛一直盯着远方，完全没有看她的"先生"。当"心若"走到她"先生"面前的时候，直接把头靠到了她"先生"的肩膀上。

看到这个情景，这时老师开始说话了："大家看到了吗？心若一直没有看他的先生，她心里想着其他的事，但是她先生是一直看着她的。先生是真心诚意想和她在一起的，但是她先生的内心却没有得到真正的满足，他需要另外一个人全心全意地看着他，所以他找了另外一个人完成了这个部分。心若的状态是依赖她的先生，但是她却没有真正看到他。"

心若的心微微一颤，这不就是她和先生之间的真实写照吗？没想到这么简单一个家庭系统排列，就道出了她和先生之间的问题所在。

老师让代表心若先生的同学回座，说道："现在需要请两位同学代表心若的父母。"说完，老师又邀请了两个同学分别代表心若的父母。

在老师的指引下，"心若父母"并排站在一起面对着"心若"，然后老师引导道："现在请你们闭上眼睛，做三次深呼吸……很好，进入你的角色。"

只见"心若"看着对面的"父母"，慢慢地径直走了过去，走到了"父母"的面前时，"心若"想站在妈妈的位置上，然后"心若"把头直接靠在了"爸爸"的肩膀上。这时老师说道："心若对爸爸的表现，和她之前对先生的表现是不是一模一样？在心若的心里，她把爸爸当成了自己的丈夫，把爸爸当成了自己的情人，所以其实心若内心里最爱的那个人永远是她的爸爸，即使她嫁人了，但是她内心没有办法看得到她的丈夫，因为她心中没有人比她的爸爸更好。她想要取代妈妈的位置。"

接着，老师指引心若的"父母"对"心若"说道："女儿，女儿，你是我们的女儿。"

"从现在开始，无论是你自己还是你周边的人，请不要再说'女儿是爸爸上辈子的情人'这样的话了，这对于女儿来说太辛苦了，这个压力太沉重了，为了忠于爸爸，她必须一辈子做爸爸的'情人'。为了一辈子做爸爸的'情人'，她就不能真心诚意地爱上她的丈夫，不论她多么想跟丈夫在一起。她以为只要她真心诚意地爱她丈夫，她就背叛了她的爸爸。"老师语重心长地说。

心若心里一愣，想起小时候爸爸宠爱自己的画面，然后妈妈总会在旁边笑着说："果然女儿是爸爸上辈子的情人。"没想到是小时候妈妈这句无心的玩笑话，竟然在心若的心里种下了这样的信念，而就是这个信念让她在感情的路上历尽曲折，心若心里不禁一阵惆怅。

老师继续指引心若的"父母"对"心若"说道："你是我们的女儿……你是我们的女儿……你是我们的女儿……。"

只见"心若"看看"爸爸"，又看看"妈妈"，不知所措……

"她在干什么呢？她内心好挣扎啊，爸爸妈妈之间她以为只能选一个。再说一次。"老师继续引导。

"你是我们的女儿……你是我们的女儿……"

"你不需要选择，很多女孩子都是这样长大的，她以为只能选择爸爸或是只能选择妈妈，她以为选了爸爸就是背叛妈妈、选了妈妈就是背叛爸爸，这样是很痛苦的。"老师解说道。

"你们一起在她的耳朵边告诉她：你是我们的女儿。"老师看着"心若父母"说道。

心若的"父母"靠在"心若"的耳边，轻轻地呼唤："你是我们的女儿，你是我们的女儿……"

在一声声的呼唤中，"心若"慢慢地流出了眼泪，她哭着与父母拥抱在一起，很自然地把头往爸爸身上靠……这时老师让"心若"把头靠在父母之间，说道："大家有没有发现心若一上去就把头往爸爸肩膀上靠？其实这种女孩很辛苦，她自己认定自己就是爸爸的'情人'，因此她跟妈妈的关系会很紧张，两人之间是竞争关系、是嫉妒的关系。通常这种女孩看不起妈妈，她必须把妈妈给比下去，然后证明自己是好的。她是永远没有可能嫁给她的父亲的，但她的心又必须'忠于'父亲，所以她只好嫁给别人，然而那个人永远没有她的父亲好。为什么心若的个案能够那么快就走到这里？是因为心若这几年受的苦受得够多了，如果不是这些年受了那么多的苦，她不会那么快就接受这一点。"

老师话刚刚说完，"心若"就抱着"父母"撕心裂肺地痛哭起来……

等"心若"慢慢平静下来的时候，老师请代表心若父母的同学回座，然后又选择了一位同学去代表心若的先生。

"心若"与"先生"面对面站着，他们之间有十米左右的距离，老师说"开始"，只见"心若"眼睛盯着她的"先生"，朝她"先生"走过去，这时老师说道："差别在哪里？心若可以看到她的先生了，原来她看的是她的父亲。"

接着，老师引导心若的"先生"对"心若"说："我是你的丈夫，我是你的丈夫，我是你的丈夫，我是你的丈夫。"

"大家看'心若'现在看着丈夫的眼神，充满了梦幻，她把她对父亲所有的梦幻都投射到她丈夫的身上，她丈夫是承受不住的，因为这不可能的，这是两个不同的人、不同的事。他们结婚以后，心若的丈夫承受不住，可是又不想离开，于是就形成了如今的局面。"

老师继续引导心若"先生"对"心若"不断地说道："我只是你丈夫，我只是你丈夫，我只是你丈夫，我只是你丈夫，我只是你丈夫，我只是你丈夫……"

"现在心若的眼神不那么梦幻了，大家看到了吗？再说一次。"

"我只是你丈夫。"心若的"先生"看着"心若"喊道。

这时，"心若"的神情有点悲伤。"当一个梦幻褪去的时候，一定会有悲伤，因为大多数人其实比较想活在梦幻的世界里。"老师解说到，然后引导心若"先生"继续对"心若"说："我只是你丈夫。"

"有时候他对你的照顾比较像女儿，所以他现在对你的照顾，就像对女儿般的照顾，对女儿般的包容。"老师对坐在场边的心若说道。

"是的……所以我们之间没有爱情吗？"心若忍不住问。

"本来是有的，如果你想培养还是有机会的。但是只要这些情况不变，你没有机会有爱情，只要这个事情不变，你无论到哪都会变成别人的'女儿'。"老师回答。

"再对她说一遍'我只是你丈夫'。"老师继续引导心若"先生"对"心若"说。

"我只是你丈夫。"

灵性生活——让幸福来敲门

听到这句话，这时"心若"的眼神变得有点迷离。

"她的眼神在说什么？她在说：'不要嘛、不要嘛。'她在说这个。"老师解说道。

"我只是你丈夫，我只是你丈夫，我只是你……"心若"先生"在老师的引导下继续呼唤道。

"如果你的内心不愿意改，你的代表就不会有机会，所以你得问问你自己，你想要继续留在做女儿的舒适区吗？"老师转向坐在场外的心若问道。

"不想了。"心若坚定地回答道。

"真的吗？如果你不想再留在做女儿的舒适区了，那么你要学习负责任了，练习做一个女人、练习做一个妻子。"老师看着心若说道。

心若点点头，坚定地回答道："嗯，好的。"

这时，场上"心若"的眼神有了些许的细微变化。

"现在不一样了，看到没有？眼神已经稍微稳定一点了。"老师看着场内的"心若"解说道。

在老师的引导下，心若"先生"对"心若"说道："我们做夫妻吧，我们做夫妻吧……"

然后，老师让"心若"跟着老师说："我要开始学着为自己负责任了。"

"只有你学会为自己负责任，这样你才有机会遇到男人，否则你永远在找爸爸。"老师看着心若，和蔼地说道。

……

个案结束了，心若已经哭得不能自已。这是心若第一次体验家庭系统排列，没想到家排的力量如此惊人，这么几个人、这么一两个小时，居然把困扰心若多年的问题症结轻松地引了出来。心若感激不已地在心里对老师和同伴们一一道谢。做完家排个案，心若整个心都舒展开来，感觉异常的轻松。

疗愈你的原生家庭，并与父母和解、重新连接，重获你生命的喜悦。

第二篇
破解人生功课

第1章
生命回溯

——为什么总是掉进同一个坑里？

今天老师布置了一个有趣的作业，就是让每位同学在一张白纸上画一幅图，老师说这个图叫"生命回溯图"。老师让同学们把从出生到现在，所有让自己感觉愉快的、荣耀的和感觉痛苦的、愤怒的、悲伤的事都画在这幅图上面，所有正面情绪的事件都画在中轴线的上方，而所有负面情绪的事件都画在中轴线的下方，这样就形成了一幅属于自己的"生命回溯图"。

生命回溯图示例

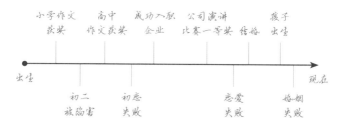

"透过生命回溯图，我们可以检视自己的人生卡点有哪些，找出你人生中还有哪些伤痛、遗憾的地方需要进行处理，通过发现让自己痛苦的症结，获得心灵的正向理解，然后把它放下，即觉察、理解、放下的过程。现在请大家画出自己的生命回溯图吧。"

画完以后，老师让每个同学仔细观察自己的"生命回溯图"说道："很多人、事、物循环反复地出现，好比循环播放的业力电影一样，其实它们的出现往往就是在提醒我们，这些部分是我们可以从中再去自我炼金、自我平衡的，需要继续打磨、去除杂质，以提炼出更精粹而有力量的'原力'。现在请大家把生命回溯图中向下的部分，拿来重新检视处理：如果你伤害过别人，请你在心里去跟他道歉；如果你曾经被人伤害，请你去宽恕他；如果你还有没有说出的遗憾，请你在心里告诉那个人。把你的情绪释放出来，然后把你从中学到的爱与智慧写下来。最后给对方和这些过去送上感谢与祝福，谢谢对方在你生命中的称职演出，让你体会和学习到这一切，谢谢对方丰富了你的生命，把过往的一切都做个善了。"

"老师，过去有朋友出卖了我，我可以在那里学到什么样的爱与智慧呢？"有同学问道。

"想起这件事的时候，你有什么样的情绪吗？"

"我感到很愤怒，我觉得对方很可怕，我也很伤心，这么多年的朋友，居然为了利益出卖我。"

"下课后回房间找个枕头，把你的情绪尽情释放出来，然后用正向转念的方法，得到要学会的智慧。你想想你能够在这件事里学到什么呢？"

那位同学沉思了一下，回答道："我想是要学会自立自强，相信自己。"

"很棒，这就是你能从这件事中获得的智慧啊！所以，现在你是否可以谢谢他带给你的这份人生体验、让你收获了人生智慧呢？"

灵性生活——让幸福来敲门

"可以。"

老师微笑着看着他点点头，说道："就是这样，现在请大家各自做自己的功课吧。"

昏暗的灯光下，心若躺在床上看着自己画的生命回溯图，忽然发现，生命中所有让她痛苦的卡点，都有一个惊人的共同点——总是遭遇背叛！回顾一次次被背叛的遭遇，心若只感觉到无比的悲痛、迷惘与不解。心若不明白，为什么自己一直真心待人，可最后却总是一次次遭到背叛？看到自己被背叛、被出轨的人生模式，心若心里一阵寒战，她心想，莫非我这辈子就注定逃不出这个魔咒吗？我到底要怎么做才能摆脱这个人生模式呢？带着这些疑惑，心若沉沉地进入了梦乡。

画出你的生命回溯图，
检视自己的人生卡点，
并从中获得爱与人生智慧，
然后放下它吧！

第2章
将生命底色涂上色彩

——我可以创造自己的世外桃源！

老师公布了今天学习的主题——"生命蓝图"。

"生命蓝图，即灵魂蓝图、出生前计划，它是我们此生要面对的主题和挑战，勇敢面对挑战，克服疗愈，人生课题才可以早结业，生命更添自由的可能和更佳的版本。我们自己选择了此生人生的剧本，当我们穿越所有的自我设限，走出安全舒适区，驾驭'自己'这个'生命战车'，去拓展自己的生命，我们此生就是为了学习与拓展自己的生命智慧、生命价值而来的。"

"关于'生命蓝图'的论述，在很多著作中都有相关的讲解。在《从未知中解脱：10个回溯前世、了解今生挑战的真实故事》这本书中提到：当我们到这个世界之前，我们拥有自由意志创造一部分属于出生前计划中的人生考验，这里的关键词是'创造'，我们所经历的事都是自己创造出来的……我们需要那些经由它们所产生的智慧，在这种情况下直觉并不会引导我们避开所需要学习的经历。当我知道了出生前计划之后，要按照自己出生前所订好的计划走下去，是需要非常大的勇气的。现在的我了解到，我们可以从全然不同的角度看待人生中的种种挑战。《心诚事享》这本书也写道：此生你需要学习的课题，早在你的生命蓝图中就已经确立了，并已存在你的DNA之中。在你还没有学会该课题之前，所有的创造法则都将在这张蓝图内运行，这张生命蓝图就是你逃不出的如来佛手掌心，你得真的学会该项生命功课后，你才能换全新的蓝图。"

"老师，对'生命蓝图'这个概念我们还是有点模糊，在生活中是如何体现的呢？"同学们问。

老师微笑着点点头说："这是个很好的问题，也是接下来我要给大家讲解的内容。首先我举一个例子，我有个朋友，以前一直觉得妈妈不爱他更加爱妹妹，因为在他小时候，有一次妈妈抱着两岁的妹妹上台接受采访却没有抱他，之后他很努力地读书、工作、赚钱，让自己比妹妹更加成功，他觉得这样才能赢回妈妈的爱。其实妈妈给他的礼物更大，因为正是当年妈妈没有抱他上台，他才比妹妹更努力，现在是他自己上台接受媒体采访。其实这就是他

第二篇 破解人生功课

人生最初自定义的学习剧本，他自己选的角色，但是他遗忘了。"

接着老师还详细举了另外一个例子，让心若对生命蓝图的概念更加清晰了：为什么作者那个热爱自由、也不打算要有小孩的朋友，他的女友还是意外怀孕了，而且他的女友一定要坚持把宝宝生下来？那是因为在他前半生的生活中，始终没有学会"负责任"这个课题，于是他就从这个突来的宝宝身上，开始学会怎么当爸爸、怎么对一个新生命付出全然的爱与责任，而这个宝宝这就是他自己的生命蓝图所创造出来的，是来让他学会"负责任"这门功课的，怎么逃也逃不掉。

"《心诚事享》里写道：'这些生命中的挑战，与你是正面还是负面无关，与你是否有能力创造新版人生无关，而是与你是否学会了该学的人生功课有关，例如：能从生病中学会爱自己、从身体残障中学到脑可以天马行空般的自由无限（如力克·胡哲）、从财富的大起大落中辨认出何谓真实、从死亡与分离中学会爱与珍惜……每一个体验都弥足珍贵，得到与失去、成功与失败、健康与疾病、富裕与贫穷、自由与囚禁、奋斗与享乐……两极你都体验到，这才是人生的圆满。'"

这时，老师发出了指示："现在请大家去看看你们昨天画的生命回溯图，找到你们生命中一直重复的模式，那就是你此生要学的功课所在了。"

看着自己画的图，心若陷入了深深的思考之中："我生命中一直重复的模式不就是总是遭遇'被背叛''被出轨'吗？那么，我的人生蓝图要我学会的功课到底是什么呢？"

经过老师的层层引导和一番深思之后，心若找到了她的人生蓝图要学习的功课之一：学会在感情上独立自主、学会给予爱。老师告诉心若，她一直想要寻找的"真爱"，其实都只是她表意识的声音，表面上她很希望遇到一段两情相悦的美满姻缘，但其实她的潜意识层面相信的却是自己不配得到一段好姻缘，而她的人生蓝图里，一早就定好了她此生要学的功课就是在情感上要学会独立自主、不要依赖别人给自己爱、学会爱自己……所以无论心若怎么努力地去爱一个人，在没有学会在感情上独立自主、总是想着依赖别人给予自己爱以及学会爱自己之前，她怎么努力也没有用，对方都会以"背叛"的方式去让她醒悟，直到她功课过关为止。

心若此刻终于明白了她一直"被出轨"背后的原因，原来是她过去太过于依赖感情，总是在感情里一味索取爱、把全部的力量都放在别人身上，让自己成为爱情的依附者，完全失去了自己的力量，一次次被出轨又一次次地陷入依赖爱情的怪圈，总是学不会功课，难怪总是"被出轨"了！

"在感情里我总是遭遇被出轨，肯定是我自己有不足的地方。确实，过去的我总想着从父母那里得不到想要的爱，在朋友那里又害怕被伤害，所以把自己所有对被爱的需求与希望都寄托到爱情中，渴望爱情中的另一方可以满足我对爱的需求。我一直想要从亲密关系里索取我想要的爱，但却不懂得如何去爱对方。所以被出轨的模式总是在我的生命中不断地发生，为的就是要提醒我，是时候要学会这门功课了！那我又该如何才能学会这门功课呢？是要我学会在感情里不要太依赖、要学会独立吧？还有，要我学会不再向任何人索取爱、也不要再期待别人去满足自己的欲望，同时要学会给出自己的爱……原来这才是我真正需要学会的功课啊！"想到这里，心若长长地舒了一口气，脸上露出了微笑。

当心若欣喜地告诉老师她的这个发现时，老师慈爱地看着心若说道："孩子，你真的很棒，这是一件很不容易的事情……但是，这只是你人生蓝图里一个浅层的解答，还有一个更深层次的症结，你找到了吗？"

灵性生活——让幸福来敲门

看着心若疑惑的神情，老师问道："你以前是不是特别爱看那种悲剧的电影或者小说呢？"

心若心里一愣，回答道："老师，您是怎么知道的呢？我初中的时候特别喜欢看那种凄美的故事，那时候就特别爱看琼瑶的小说，出一本买一本呢！"

"你有觉察到了吗？在你过往的生活里，你的生命似乎总是有一种灰暗的基调，任何事情来到你的生命里，你都会不自觉地带着这样一种基调去面对。你把自己人生的基调调成了'凄美'，所以在过去的人生中，你不断地创造一连串的凄美故事去实现你潜意识里的'凄美'、去体验你潜意识里一直想要体验的生活。这个基调就是你的灵魂暗夜，也是造成你人生一系列悲剧事件的根源。"

心若听了老师的话，恍然大悟："原来如此，怪不得……所以，我的人生蓝图真正要我学习的功课，就是去改变这个灰暗的生命基调，对吗？"

"是的，你此生的功课，就是要翻转这个灵魂的暗夜，让生命的基调从灰暗中跳出来，重建你生命的底色。"老师回答道。

"老师，我要怎么做才能跳出这个底色，重建新的生命底色和基调呢？"心若心急地问。

"其实这并不难，这只是你的一个选择而已。现在请你闭上眼睛，观想你的面前有一个黑色的漩涡，你看着这个漩涡，有什么样的感觉吗？"老师说道。

"我感觉很害怕、很恐惧。"心若闭着眼睛，不安地回答道。

"很好，现在请你跳进这个漩涡之中。"

老师的声音传到心若的耳朵，着实把心若吓了一跳："什么，跳进这个漩涡吗？"

"是的，跳进漩涡里，看看里面是什么样子。不要害怕，有我在呢！"老师气定神闲地说。

"那……好吧！"心若咬咬牙，把心一横，想象自己跳进了那个漩涡。

"现在跳进去了吗？"老师问。

"嗯，已经跳进去了。"心若回答道。

"很好，在漩涡里，你是怎样的？你看到什么了吗？"老师继续问道。

"我是漂浮着的，周围都是黑黑的，我什么都看不见。"心若回答道。

"好的，现在请你睁开眼睛，看清楚里面有什么了吗？"老师继续问心若。

"还是什么都看不见，黑暗的一片……"

"好的，那么你想要在这个黑洞里面看见什么呢？"老师继续问。

"我想要有太阳。"心若回答道。

"很好，那你就想象里面有个太阳……"

"我可以把太阳带进黑洞里面？"心若惊讶得不敢相信，在这之前她从来不知道，原来可以把"黑洞"变成自己喜欢的样子。

"是的，当然可以啊，你可以把你想要的一切都放进黑洞里面。现在你还想在那里看见什么呢？"老师微笑着说道。

"我想要看见有美丽的风景，有充满生机的花草树木、有壮阔的山川河流，我想要那里充满了阳光和爱……"心若尽情描绘着自己心中的世外桃源，喜悦地沉浸在自己所描绘的画面之中。

"很美好的一个世界！那么，请你现在就把这幅画面，替换进你的生命基调和底色里，把以前那个灰暗的基调和底色换掉吧！还有，要时刻觉察自己的念头，当遇到问题的时候，要留意自己是否又浮现出那个灰暗的基调，然后把它换掉，换成你刚才看到的美好画面，再告诉自己，我不要再玩这个无聊的游戏了，我要选择幸福快乐的生活。如此坚持下去，你的生命将会变得完全不一样！"

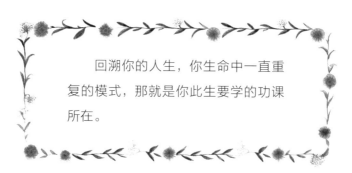

回溯你的人生，你生命中一直重复的模式，那就是你此生要学的功课所在。

灵性生活——让幸福来敲门

第3章
破解人生功课

—— 你真的懂得爱自己吗？

昨天花了一天弄清了自己的人生功课以后，心若决心好好地"闯关打怪兽"。从初恋失败到如今离婚收场，心若卡在这门功课里实在太久了，数数指头，也有差不多二十年了。情路坎坷、跌跌撞撞，好不容易知晓了症结所在，心若决心好好把这门功课做得漂漂亮亮，这样才不枉过去二十年吃过的那么多苦头啊！

"这是我此生要做的功课，是我自己创造的剧情，那我就好好地把自己的这门功课做好！"心若暗暗下了决心，她知道，只有当她真正地学好了这门功课，她真心想要的东西才会自然而然地流向她，而不再需要去苦苦追求。

我要怎么做才能让我的这门功课过关呢？要怎么做才能成为感情上独立自主的人呢？老师告诉心若，要做

083

好这门功课，首先要做的，就是要学会爱自己、接纳自己，把力量拿回到自己身上。刚好今天工作坊的主题就是学会爱自己，只见老师在黑板上写道：

> 没有爱，
> 所有的礼拜都是负担，
> 所有的舞蹈都是例行公事，
> 所有的音乐都只是噪声。
> 所有天上的雨水都可能落在海洋里。
> 没有爱，
> 没有一滴水能够变成珍珠。
>
> ——鲁米

"爱是伟大的奇迹药方，爱自己会让生命出现奇迹。回到自己的心，重拾创造力，与爱在一起吧！一如苏菲诗人鲁米的诗，无论遭遇什么问题，最好的解决方法就是开始爱自己。"

"老师，我非常爱自己啊，可是为什么我还是觉得很痛苦呢？"有个长头发的年轻女孩说道。

"可以告诉我，你是如何爱自己的吗？"老师微笑着问。

"我给自己买最好的护肤品、买名牌包包、买好看的衣服，我把每个月的工资都花在自己身上，我要好好地宠爱自己……"

"你有批判自己的时候吗？"老师打断了女孩的话，轻轻问道。

"有啊，我总是觉得别人哪都好，自己却哪都做得不够好，总是会不自觉地批判自己呢！"

"所以，你还认为你是真的很爱你自己吗？"老师望着女孩，微笑着继续，"爱自己不是简单的给自己最好的物质生活，而是学会接纳自己的全部，从当下的每一刻，好好陪伴自己开始。真正爱自己，首先需要的就是无条件地接纳自己、停止一切对自己的责骂和批评，不要否认自己任何一方面的好，因为那就是一种不爱自己的行为。每个人都是独一无二的存在，学会去欣赏自己的独特性，接受和支持此刻的自己，毫无保留地爱现在的自己是很重要的。简单地说，无条件地接纳自己，就是无论自己表现好与坏，都觉得自己值得爱和尊重，不会自我嫌弃和贬低自己。"

"可是老师，我真的觉得自己做得不够好啊，那是为什么呢？"女孩睁大了美丽的眼睛，继续问道。

"那是你还没有学会如何自爱啊！关于这一方面，在《爱的功课》一书中有详细的描述：'在身心灵成长的过程中，我们首先要遇到的问题就是不接纳自我，我们的内在总是会挑剔自己，觉得自己不够好、不够美、不够成功等，那是因为我们从小到大所受到的教育就是这样的，自己永远不够好，永远都需要不断的改进，这种深刻嵌入集体无意识当中的自我否定，正是人类痛苦的根源之一。一个不接纳自己的人，是不可能真正接纳他人的，所以成长的第一步就是从接纳自我开始，从爱自己开始。爱自己是一种内心的状态，是一种内在的品质。爱自己的人内在对自己有非常深刻的接纳与欣赏，他无论成功失败都和自己站在一起；爱自己的人从来不需要借助表现或表演来获得他人的认可；爱自己的人没有自责，没有罪恶感；爱自己的人觉得自己不亏欠任何人；爱自己的人不骄傲，不浮夸，不贬低他人；爱自己的人觉得全世界都是可爱的；爱自己的人也许不给自己买新衣服，不去做按摩spa，但内在却有一种新鲜活泼的品质，一种爱的品质，一种美的品质，让所有经过他的人都能感觉到，都想亲近他。这个社会，这个世界真正爱自己的人太少了，社会一直教育说我们不够好，于是我们永不停歇地想要改造自己，并由此而衍生出在关系中的改造他人及改造世界，所有改造的努力都源自觉得自己有问题，什么时候你停止改造自己的努力，便怀着深深的对自己的欣赏与感激之后，你也许可以说你是爱自己的，爱自己的人，是一个不再有问题的人。救赎的路只有一条，接纳自己、爱自己，爱的清泉，源自你的内心。我们不可能强求父母以我们想要的方式来爱我们，长大后的我们可以做的是，放下对父母的期待，接纳父母更接纳自己，学着去了解自己，并以自己喜欢的方式来爱自己。不要以为这是自私，恰恰相反，与世界的和谐是从与自己的和谐开始的。自爱取决于我们在童年时期所受到的爱和滋养，小时候缺乏爱，是导致很多人成年后一系列的人格障碍的根源，其原因就是内心深处，他认为自己不值得被爱和尊重。现实中，很多在别人眼中已经非常有成就的人，他们的痛苦都是因为自我接纳的程度不够。'"

听了老师的这段话，同学们都纷纷点头认同。心若回想，才惊觉自己也是经常会不自觉地去批判自己、挑剔自己，总是责备自己做得不够好……原来也陷入了"不接纳自己"的陷阱了呢！

"老师，怎样才是全然地接纳自己呢？"

"接纳自己，就是要接纳自己的全部，不光接纳自己的优点，也要接纳自己的缺点；不光接纳自己的光明面，也要接纳自己的阴暗面，因为这才是一个完整的人。接纳自己的前提是接受自己过去的一切，接受自己的后悔纠结。想要真正做到自我接纳，首先需要学会放下评判，对自我宽恕，接受自己的不完美。我们活在世界上，不是为了要活得完美，而是努力地要成为一个接纳自己的人。如果你能够接纳所有事物的存在，你就不会再有任何的冲突。然后还要去感谢你的缺点，感谢它使你完整。最后一点，现在就去接纳自己，爱自己，而不是等到自己变得完美了才去接纳自己。完美会给人带来紧张，但爱是允许与放松。"

老师稍稍停顿了一下，继续说道："家庭治疗大师萨提亚女士在《我是我自己》里有一段话，就是接纳自己的一个宣言：

'在这个世界上，没有一个人完全像我。从我身上出来的每一点、每一滴，都那么真实的代表我自己，因为是我自己选择的。

我拥有我的一切——我的身体、我的感受、我的嘴巴、我的声音，我所有的行动，不论是对别人或是对自己的。我拥有我的幻想、梦想、希望和害怕，我拥有我所有的胜利与成功、所有的失败与错误。

因为我拥有全部的我，因此我能和自己更熟悉、更亲密。由于我能如此，所以我能爱我自己，并友善地对待自己的每一部分。

我知道那些困扰我的部分，和一些我不了解的部分。但是，我要友善地爱我自己，我就可以鼓励我自己，并且有希望寻求方法来解决这些困惑，并发现更多的自己。然而，任何时刻，我能看、听、感受、思考、说和做。我有方法使自己活得有意义，亲近别人，使自己丰富和有创意，并且明白这世上其他的人类和我身外的事物。我拥有我自己，因此我能驾驭我自己。

我是我自己，而且我是好的。'

请大家以后要经常读这个宣言，读给自己听。与自己和解的那一刻，爱的能量便会在你的身上流动起来。"

第二篇 破解人生功课

看到大家都若有所思的神态，老师继续解说道："只有学会接纳自己、认可自己，你才可能真正爱自己。你可以送给自己最好的礼物，就是无条件的爱——爱现在这样的自己，而不是等自己变得完美之后才去爱自己。爱自己的最好方法，就是释放来自过去的所有负面信息，并活在当下；爱自己，就是无条件接纳自己，接纳自己的不完美、接纳自己所有的缺点；爱自己，就是自己认可自己、赞美自己，就是不对自己有任何的批判与攻击。我们常常以为自己不够好、不够完美，我们常常批评自己、攻击自己，我们常常觉得自己不配得到美好的事物，但宇宙的实相是：你是如此的珍贵、你是如此的重要，你是宇宙独一无二的存在，当你开始爱自己，全世界都会来爱你！"

　　说完，老师放了一段优美的音乐，说道："现在我带领大家做一个冥想，帮助大家更加全然地去接纳自己。现在请大家轻轻地闭上眼睛，做几个深呼吸，深深吸气，缓慢吐气，放松你的肩膀，放松你的眼睛，放松你的下巴……现在请你想象，在你的身边围绕着许多个不同面相的你自己：成功的自己，失败的自己；喜悦的自己、悲伤的自己；兴奋的自己、低落的自己；自信的自己、自卑的自己；被爱的自己、被排斥的自己；匮乏的自己、丰盛的自己；光明的自己、黑暗的自己；完美的自己，不完美的自己……现在邀请你仔地细端详每一个自己的样子，去告诉他们，无论他们什么样子、无论他们经历过什么，你都很爱他们。去拥抱每一个自己的样子，用你无限的爱来包容、接纳每一种状态的自己……好，深呼吸，把最大的爱跟包容吸到自己的内心，去爱你自己的每一个碎片，让他们重新回归到完整，从现在开始，你圆满无惧了……很好，现在请你慢慢回到这里，舒展一下你的身体，搓搓双手，感受一下这种放松、愉悦的感觉。"（冥想参考李欣频2020年农历调频冥想）

做完这个冥想，心若感觉仿佛心里所有分裂的自己，瞬间整合为一体，她感觉到自己以前所有排斥的自己都完全消失了，她感到了身心合一的喜悦与圆满。

"现在我想和大家分享一段来自我的心灵启蒙老师露易丝·海的智慧话语。"老师用柔和的声音念了起来：

"我打开自己让智慧进来，我知道大千世界只有一种智慧。在这智慧里面有所有的答案，所有的解决方案，所有的康复方法，所有的新创造。我相信这种力量和智慧，我需要知道的一切也都被揭示，我所需要的一切都会到来，在正确的时间、地点、按照正确的顺序。我的世界一切都好！

"我总是被神奇的力量保护着、引导着。我有把握审视自己的内心世界；我有把握审视过去；我有把握扩展生活的视野；我永远不会被我的性格所羁绊……无论是过去、现在，还是将来。现在我要抛弃我性格的弱点，让我认识到我的存在是多么辉煌。我完全愿意学会爱自己。我的世界里一切都好！过去无法将我羁绊，因为我愿意学习和改变。

"现在我选择看看我自己，就像全世界所看到的一样，我是完美的、完整和完全的。我存在的事实就是我所创造的，我永远是安全的，神圣的力量在保护着我，指导着我。我选择做健康和自由的人。我的世界一切都好。"

听了老师念的这段话，心若心里似乎充满了力量，她默默地念道："我存在的事实就是我所创造的，我是完美的、完整的和完全的，我选择做健康和自由的人。我的世界一切都好！"

老师微笑着继续说道："我们经常说要无条件爱自己，要从生活的点滴行动中去积累，在这一点一滴的积累中，我们这颗焦虑的心会开始慢慢地与我们的身体和解，而那个并不完美的自己也在这场和解中慢慢地被看见、被拥抱、被信任。在这场和解中，我们得以重拾对自己的爱与接纳、重拾对自己的尊重和信任，然后，我们就会找寻到那个能定住自己生命航船的坚固的锚，有了这个坚固的锚，无论怎样的风雨，我们仍然可以安心的回来，去无条件的爱自己。记得，宇宙给予我们最深的祝福，就是让我们去看到自己的美，如实地活出自己的本来面目。"

"老师，要做到真正的爱自己，有什么样的具体方法吗？"同学们纷纷问道。心若心想：看来"学会如何爱自己"是大家很感兴趣的一个话题。

老师微笑着点点头说道："非常好的问题，这也是我今天要分享给大家的。除了接纳自己、认可自己，要学会爱自己，还要停止去跟别人比较。很多人都爱人云亦云、爱跟随大众去决定自己的行为，有些话、有些事，可能会对别人有所助益，可是你能确定是否对你也同样合适吗？《喜悦之道》里提到：你也许听说'每个人都说静坐冥想是好的'，因而如果你不那么做，你就会觉得很糟。爱自己的挑战就是，由人家告诉你的每件事上抽离，自问：'这适合我吗？这会给我带来喜悦吗？在做这件事的时候我觉得快乐吗？'终究还是你自己的经验才算数。

"学会爱自己，还要停止对别人的批判。《喜悦之道》里说：'批判是爱自己的一个障碍，每一回你批判别人，你就与他们分离开来。在你借由批判来排斥别人时，你就是在潜意识里建立了一个讯息：你只在某种条件下才接受自己。这导致一个自责的内心对话。它同时也会从外在世界吸引来许多负面影像，因为你一旦送出这些画面，你就创造了一条它们借以回来的通路。看看你送出给别人的讯息，你是否怀着爱接纳他们，不带着批评或贬损？你向他们微笑吗？你友善吗？你让他们对自己感觉很好吗？或你自顾自走开，无视于他们的存在？如果你接受他们，即使只是心电感应式的（即在你自己心里），你也帮助他们找到他们的大我。你将发现别人也用更充满爱的方式接受你。'"

接着，老师教给大家心灵大师露易丝·海在《镜子练习》里的12个爱自己的方法："这些方法对大家学会如何爱自己会非常有帮助，大家以后要经常练习噢！"

心若在笔记本上迅速记下了这12个方法：

1.停止所有批评，拒绝再批评自己，如实地接受现在这样的你。

2.原谅自己、放下过去，明白以自己当时的理解与知识，已尽力做到最好了，现在的自己正在成长与改变，未来一定会有不同的面貌。

3. 找一个能让你感到愉悦的想法与念头，马上把可怕的想法转换成愉快的想法。

4. 对自己温柔、仁慈一点，对自己要有耐心。你如何对待自己喜欢的人，就如何对待自己。

5. 温和地将憎恨自己的想法，转变成更加肯定生命的想法。

6. 不要再自我批判，尽可能称赞自己，告诉自己做得很好，每件小事都处理得非常理想。

7. 找各种方法支持自己。有需要时寻求协助，是坚强的人才会做的事。

8. 承认自己创造出负面事物来满足某项需求。现在，我找到了新的、正面的方法来满足那些需求。带着爱释放种种陈旧的负面模式。

9. 好好照顾自己的身体，学习营养、运动相关知识，爱护并尊重你居住其中的这座圣殿。

10. 想办法让自己做任何事都觉得很有趣，让自己表达出活着的喜悦。我开心，宇宙就会跟着我一起开心！

11. 现在就开始爱自己，而且要尽我所能去爱。

12. 经常凝视自己的双眼，表达对自己与日俱增的爱。看着镜子时，跟父母说话，然后也原谅他们，至少一次。

"这十二个爱自己的方法，希望各位同学能够真正落实到生活的点点滴滴，从小做起，经过一段时间后，你会发现你不知不觉已经爱上自己！现在我带领大家做一个《镜子练习》里的静心冥想，请大家闭上眼睛，做三次深呼吸，开始……。"

伴随着柔和的音乐，老师温柔的声音缓缓传进心若的心里："每个人都有能力更爱自己，每个人都值得被爱，我们值得活得好，活得健康，值得被爱并且去爱人，也值得成功，而每个人内在那个小孩，值得长大成为一个很棒的大人……"

做完这个冥想，心若感觉自己心里充满了温暖和爱，此刻的和平与喜悦，是从未有过的。

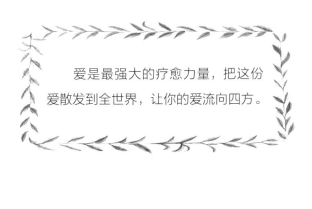

爱是最强大的疗愈力量，把这份
爱散发到全世界，让你的爱流向四方。

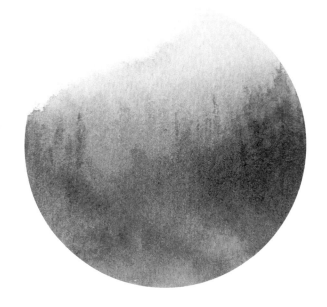

第二篇 破解人生功课

第4章
亲爱的自己，拿什么才能拯救你？

我允许

我允许任何事情的发生。

我允许，事情是如此的开始，

如此的发展，

如此的结局。

因为我知道，

所有的事情，

都是因缘和合而来，

一切的发生，都是必然。

若我觉得应该是另外一种可能，

伤害的，只是自己。

我唯一能做的，

就是允许。

我允许别人如他所是。

我允许，他会有这样的所思所想，

如此的评判我，

如此的对待我。

因为我知道，

他本来就是这个样子，

在他那里，他是对的。

若我觉得他应该是另外一种样子，

伤害的，只是自己。

我唯一能做的，

就是允许。

我允许我有了这样的念头。

我允许，每一个念头的出现，

任它存在，

任它消失。

因为我知道，

念头本身本无意义，与我无关，

它该来会来，该走会走。

若我觉得不应该出现这样的念头，

伤害的，只是自己。

我唯一能做的，

就是允许。

我允许我升起了这样的情绪。

我允许，每一种情绪的发生，

任其发展，

任其穿过。

因为我知道，

情绪只是身体上的觉受，

本无好坏。

越是抗拒，越是强烈。

若我觉得不应该出现这样的情绪，

伤害的，只是自己。

我唯一能做的，

就是允许。

我允许我就是这个样子。

我允许，我就是这样的表现，

我表现如何，

就任我表现如何。

因为我知道，

外在是什么样子，只是自我的积淀而已。

真正的我，智慧具足。

若我觉得应该是另外一个样子，

伤害的，只是自己。

我唯一能做的，

就是允许。

我知道，

我是为了生命在当下的体验而来。

在每一个当下时刻，

我唯一要做的，就是

全然地允许，

全然地经历，

全然地体验，

全然地享受。

看，只是看。

允许

一切如其所是。

——伯特·海灵格

又是全新的一天。今天学习的主题是什么呢？带着期待与一些些的兴奋，心若走进了课堂。

"请问哪位同学心里还有无法宽恕的事情呢？"老师看着大家，微笑着问。

"老师，我还是无法心悦诚服地接受对方的背叛，我还做不到宽恕他。"想到羽生的背叛心若还是愤愤不平，老师刚刚抛出这个主题，心若就迫不及待地提问道。

"或许大家还不知道'不宽恕'在医学书籍中被归类为一种疾病吧？怀有愤怒、怨恨等负面情绪是有害的，甚至是致命的。《臣服之享》里就写道'负面情绪会导致相关的经络失去平衡，例如抑郁、绝望、消沉等情绪与肝经有关，这些情绪会扰乱肝脏机能。任何负面感受都会伤害到相对应的脏腑器官，经年累月下来，器官就会产生病变而终至无法运作。'而选择宽恕可以为你带来巨大的健康回报：宽恕可以让你减少焦虑、抑郁和压力。所以，不管那些伤害过你的人是否真的值得你的宽恕，释放对他们的怨恨或报复吧！选择宽恕，是对你自己最大的爱。当然，选择宽恕并不意味着你要原谅伤害你的行为，而是说宽恕是一种有意识的、深思熟虑的决定，它只是意味着把自己从负面情绪中解放出来。罗斯金博士在《学会宽恕：

走出心理伤痛、重拾心灵阳光的有效方法》一书中写道：'宽恕并不意味着与伤害者妥协，或是与冒犯者修复关系；也不意味着要纵容他人的伤害或不良行为；更不意味着忘却或否定痛苦的事情曾经发生过；甚至也不是说因为信仰要求宽恕，而勉强自己不得不这么做……这些关于宽恕的理解都是错误的观念。与此相反，宽恕应该是一种坚定的确信，即：坏的事情再也不会毁掉我们今天的生活，尽管它们可能曾经毁掉了我们的过去。当你受到不公平对待时，宽恕可以成为你的备选项之一。当我们选择宽恕时，我们便放下了我们的过去，来治愈我们的现在……我们不知道生活为我们准备了什么，但是我们知道宽恕给予了我们重返游戏、重新开始的力量。'"老师温和地看着大家，继续说道："一个简单而有效的宽恕方法，就是《零极限》里的四句话：对不起、请原谅我、谢谢你、我爱你。这是一种夏威夷古老的心灵疗法，叫作'荷欧波诺波诺'（Hooponopono），是夏威夷文，意思是"修正、清除、完美"。当你想到那些伤害过你的人时，只要说这四句话，就可以让自己愤怒的心变得平静。记得你是有选择的，你可以选择不原谅，也可以选择宽恕与放下，你可以自由选择采取怎样的心态，让自己处于较高的意识状态里，朝向更大的心灵力量靠近。宽恕让你活在爱与和平里，选择宽恕一切的发生，宽恕曾经伤害过你的人和事，宽恕自己曾经犯过的错误，宽恕别人就是宽恕自己。"

老师慈爱地望着心若，继续说道："我们总是很容易就陷入受害者的角色里，而选择宽恕，是摆脱受害者角色的第一步。做一个受害者确实会让自己比较舒服，因为这样我们就可以毫无罪恶感地指责别人，把自己当成无辜的受害者，名正言顺地沉浸在自怜自怨之中，还可以获得更多的同情。但是我们要知道，这样做我们迟早会为此付出代价，那就是失去自由。《臣服之享》里写道：'扮演受害者的角色会给你错误的自我认知，以为自己是弱小、脆弱、无助的，而这些认知是形成冷漠与抑郁的主要元素。'所以，宽恕从来都不是为了别人，宽恕从来都只是为了自己。疗愈从来不会是舒服的，因为疗愈的过程需要迫使我们看向自己，而在这个看的过程中，许许多多的情绪会涌动而出，这正是清理的好时机。李欣频老师有一段话是这样说的：'把爱人当成自己的明镜，面对并穿越每一次由他带给你的情绪考验，并从中去——破解爱情中的错误信念，从爱中觉醒并回到爱的实相，这就是对方带给我们的最独一无二的领悟。'譬如你丈夫的出轨带给你悲伤与愤怒，当这个情绪出现以后，你可以问问自己为什么会有这样的情绪？因为这件事让你感到自己不被爱、让你感到自己不够好、让你感到自己不被尊重，所以你才会感觉到悲伤与愤怒，对吗？现在，你找到了第一层的错误信念：我是不被爱的、我是不好的、我是不被尊重的。然后我们接着去找更深一层的错误信念。我们之前学习了'信念创

灵性生活——让幸福来敲门

造实相'这个宇宙法则，你丈夫出轨这个实相是由你的哪个信念创造出来的呢？那就是你觉得'男人都是不可信任的'这个信念创造出来的，所以我们找到了第二层的错误信念，那就是：男人都是不可信任的。把这些错误信念统统找出来之后，就要进行下一步：改变信念。当然这一步还需要进一步去深挖，为什么会产生这样的错误信念，然后再进行信念的转变，但是简单地说就是要把所有这些负面信念都改成正面的信念：我是深深被爱着的（你要相信老天、父母、孩子、自己都是深爱着你的）、我是独一无二的（你本来就是宇宙中独特的存在、你本自具足）、我是值得被尊重的（每个人的内在本质都是光和爱，你的存在就是价值）、世界上是有值得信任的男人的（本来如此），我可以遇到忠诚于爱情的、值得信赖的男人。持续地把这些信念灌注到你身体的每一个细胞、灌注到你生活的每一个面向，当你完完全全地把这些信念融入你的骨髓的时候，你的生活一定会完全不一样。而当你学会用信念创造生活实相的时候，你的人生会有翻天覆地的变化。"

听了老师的话，心若陷入了深深的沉思，老师说的每一句话都像锤子一样，敲打着心若沉睡的心灵，心若忽然感觉自己仿佛从无明的世界里清醒了，整个人变得清明起来，那是一种非常轻松的、愉悦的感觉，心若第一次体验到这种被敲醒的感觉。

"宗萨仁波切曾说:'每段关系最终都会结束,即使不是别的原因也会由于死亡。如此一想,我们对每段关系的因缘就会更珍惜与理解。没有了天长地久的幻想,反而有意想不到的解脱,我们的关怀与爱心变得没有附带条件,而欢乐会常在当下。'人生无常,事物瞬息万变,一切都会过去。懂得放下,是一种洒脱的淡然,唯有学会放下,我们才可以真正自由,并且自在地去享受每一个片刻。圣严法师在《放下的幸福》里禅的态度是:知道事实,面对事实,处理事实,然后就把它放下。简而言之:面对它、接受它、处理它、放下它。人生真的有很多不公平要去接受,生活难免出现逆境,逃避解决不了问题,只有用智慧把责任负担起来,才能真正地从困扰的问题中获得解脱。因此,放下的幸福,简单而深沉。"

"老师,怎样才能真正做到面对它、接受它、处理它、放下它呢?"

"面对它,就是当问题发生时坦然以对,把它当作是一种让自己成长的助力,并努力从中累积人生的经验,直面人生。

"接受它,就是内在对已经发生的事情的一种臣服。很多人在问题发生后很难接受令人失望的结果,但是命运本来就是无常变化的，我们要学会对无常说是、对痛苦说是、对各种可能性说是、对自己存在的一切说是。当我们学会对一切接受与臣服，我们的内在就不会再分裂。当一切都允许的信念在心里落地、生根、发芽，就会穿越一切的限制，让生命自由流动起来。

"处理它，就是在对一切都接受与臣服之后，尽自己的最大努力去改善它，让事情往最有益的方向转变，尽量善了。

"放下它，就是知道事情已然过去、善了，接下来'放下'就是我们唯一需要做的。放下是种很深的艺术，是一种接受，接受来到你生命中的一切事物，并且学习它所要带给你的领悟。所有的放下都是为了联结再生，是再一次重组创造。"

"可是老师，怎样才能真正地放下呢？"心若问道。

"真正地放下，是要放弃受害者的角色，为自己的人生负起责任，承认我们是自己命运的共同创造者，明白所有人的到来都是为了配合你演出自己导演的这一部剧。他们都是来帮助我们成长的，只不过有的是以'白天使'的形象出现，譬如你生命中遇到的贵人、良师益友等，而有的是以'黑天使'的形象来从另一个角度去帮助你，譬如让你感到愤怒、痛苦的人，譬如你的先生，借由他的背叛与出轨，让你学习到了什么？他让你看到了你潜意识里的所有负面信念，看到了才有机会去纠正，不是吗？当你学会了他带给你的功课，这门功课你就可以过关毕业了，这样你以后的感情之路也会变得顺畅和美好，到时候你一定会很感激他的。"

"是的，如果没有他，我就不会走进身心灵成长的领域，我也不会知道原来自己的潜意识里有如此多的负面信念，更不会知道原来我所遭遇的一切，都是我自己的这些负面信念所创造出来的……他还让我学会了什么是真正的爱、让我懂得爱需要给予与接受的平衡、让我知道爱需要流动、让我明白如何才是真正的爱自己、让我懂得需要尊重自己内心的真实感受……他让我学会的东西实在是太多太多了，我现在真的很感恩他陪我出演了我的这部戏，我知道了他是我生命里的'黑天使'，他是约好来陪我做功课的好朋友。"心若感慨地说出了自己内心的感受与想法，脸上流露着宁静与和平的笑容。

老师用赞赏的眼光看着心若，微笑着说道："是的，我们要勇敢地面对自己的功课，不要因恐惧而逃避，全然地接受发生的一切，因为一切的发生都是为了你的更高善、为了成就你的圆满而来的，虽然你现在还不知道。其实放下一点都不可怕，可怕的是一直紧抓着过去不放。生活中的每一个困难，其实都在提供一个机会，让我们返回内心来启用自己潜藏的内在资源……所以，在意外事件发生的时候，要记得转向内在，挖深一点，没有所谓不好的事，每件事情都可以是一份礼物，无论结果好坏都可以促使你的成长，都是一份好的体验与学习，而并非错误或是失败的体验。当我们站在更高的维度去看待我们整个的人生轨迹，我们知道起起伏伏是常态，变化是永恒不变的本质。我们学会放下一切抗拒，去臣服每一个当下，去解锁每一个当下和未知送给我们的礼物。大部分时候我们没法放下，是因为我们没有活在当下，要么是活在过去的痛苦之中，要么是活在未来的恐惧里。所以我们要保持觉知，时刻提醒自己回到此时此刻，把焦点转移回来，如此我们就可以掌管自己的情绪与心智，更加深刻地去认识我们自己，并凝结出如水晶般的生命智慧。"

老师说完，示意大家坐好，准备做一个冥想练习："在我们的人生旅程中，总是会遇到许许多多让我们感到伤心、愤怒、怨恨的事情，而有一些怨恨是可以通过练习化解的。能够做到什么程度就什么程度，不需要勉强。现在请你找到一个你怨恨的、但是你想要与他和解的人。慢慢地闭上你的眼睛，嘴巴微微张开，做几次深呼吸……

深深地吸气，缓慢地吐气，放松你的肩膀、放松你的眼睛和下巴……吸气是接纳，呼气是给出，我们接纳了滋养我们身体的空气养分，送出了积攒在身体里的所有负面能量。现在请你安静地坐着，放松你的头脑和身体。然后请你想象这个曾经让你感到怨恨的人，他会是谁呢？他可能是你的朋友、同事、家人……你们曾经经历过一些痛苦的往事，你们当时发生了些什么事情，让你感到那么的怨恨呢？感受一下你对他的怨恨，回忆一下那是怎样的一个场景？好，现在请你做个深呼吸，然后慢慢地把当时你们发生冲突的场景推远一点，现在你可以看到更大的场景，当时事情发生时是在哪个城市呢？现在再把这个场景推远一点，想象你仿佛飞上了天空，能够看到整个城市……对，做个深呼吸……你看见城市的很多灯光、建筑、来来往往的人……在城市里面一个很小的位置，是你们发生冲突的那个场景……现在再做一个深呼吸，把自己带到这个场景里面继续往上空飞，你看见了整个中国，当中有个很小的城市是你的城市，这其中更小的地方是你们发生冲突的场景……现在我邀请你再一次的继续把这个画面推远，让你自己升高……仿佛你已经飞出了地球，对，在整个宇宙当中，有可能你很努力地去找一个蓝色的小亮点，那就是我们的地球。你看到这个地球再努力地往下分，那是我们的中国……再往下找，是你的城市……再往下找，可能是你当初发生冲突的那个场

灵性生活——让幸福来敲门

景……那个场景就像一粒尘埃一样，已经无法找到它的踪影……现在我邀请你去想象，当你置身于这个星系的时候你去看地球，然后你去看地球上的每一个人……有很多很多的人，包括历史长河中从古至今的无数人，他们都有类似的遭遇和经历，他们也曾经遭遇过让他们怨恨的事情……做个深呼吸，去感觉有无数人都和你一样，都陷在怨恨的情绪里无法自拔……怨恨是人类小我中与生俱来一部分，现在我邀请你对这个怨恨说：'是的，我看见你了，我允许你的存在，我接受我的怨恨。现在我允许自己释放这个怨恨，让你自由，也让我自己自由。'很好……现在我邀请你想象一下，如果这个情景、这个怨恨的故事是由你自己所编写、创造的，对方不过是配合你演出这出故事的人，那么你想要从这个故事里学会些什么呢？每一个情绪都有其正面的价值与正面的意义，它试图在提醒你、帮助你、保护你。你觉得那个正向的意图是什么呢？是想要让你学会爱、学会给予、学会宽容，还是学会独立自强……？现在请你对那个怨恨说：'谢谢你，谢谢你让我看到了自己的问题，谢谢你让我成长、让我学会智慧和爱。'去拥抱它，感受它内在的那份善意和对你深深的爱……好，做个深呼吸，把这个新的神经记忆储存在你的身体里，去更新这个记忆，然后感谢你自己潜意识的智慧……现在你做了一个决定，你决定清理、净化、除去你想要放下的心中的一切怨恨，最后，感谢一切的因缘具足，让我们学会放下、学会宽恕，享受每一个当下的轻松自在……当你感觉可以的时候，请你慢慢地睁开你的眼睛。"

做完这个催眠冥想，心若感觉身心焕然一新，压在心里的大石头似乎一下子就消失不见了，只感觉到一阵轻松与愉悦，心中居然还升起了一份感激之情，实在太神奇了！

做完冥想，老师继续讲道："感恩是走向宽恕的真实路径，是提升频率最快的方法，也是一切的根本。我们要学会感恩，当我们时时刻刻感恩的时候，我们就会活在喜悦祝福中。感恩是一份最美的礼物，感恩让你喜悦，感恩让你充满爱与和平。所以各位同学，记得每天都去感恩，感恩你还活着、感恩你那么健康、感恩你那么富足、感恩你拥有爱你的家人和朋友、感恩你有自己喜爱的事业、感恩你如此幸运、感恩你充满了爱与力量……《喜悦之道》中写道：'要得到更多的方法之一，是花些时间来感谢你已拥有的。很快你就会发现上苍会送给你更多，因为感恩是有磁力的。'"

"老师，如果没有那么多事可以去感恩，要怎么办呢？"有同学很苦恼地问。

"其实在日常生活中，我们刻意地去留意你身边发生的事情，就会发现有许多值得感恩的小事情、小确幸：可以是伴侣或父母精心为你准备的营养丰富的早餐、可以是孩子的一个甜甜的微笑、可以是小区保安的一句温暖的'早安'……当你察觉到内心有一点点的感恩，记得停在那里去感觉身体的感受，有意识地在那个感觉里待一会儿。这样的小练习，会逐渐在你的身体系统之中建立一些神经回路，如果能在每一个感恩的当下去捕捉那份感受，这样的神经连结会越来越强大。或许你也可以在睡前列下三件以上让你感恩的人、事、物，慢慢的感恩就会变成你生活中的一种习惯，重要的是要经常表达你的感谢。"

结束了今天的课程，心若感到自己心里越来越柔软、温暖与平和。带着满满感恩的能量，心若甜甜地进入了梦乡。

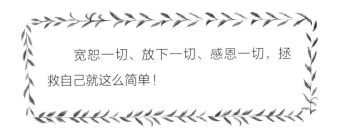

宽恕一切、放下一切、感恩一切，拯救自己就这么简单！

第5章
你爱的功课是什么？

今天的主题是关于爱，"这是所有人都关心的话题吧？"心若心想。

"老师，伴侣的出轨让我看到了自己的一大堆心灵隐疾，但是爱情是许多女性此生最重要的功课，我们如何才能做好这门功课呢？"想到感情路上一直跌跌撞撞，心若迫不及待地提问道。

老师微笑着点点头对心若说道："爱情的确是很多女性的重要功课，女性在爱情方面的问题，基本上都是因为'缺爱'造成的。为什么很多人在情感方面总是会遭遇问题呢？因为太多人本质上都是爱无能的，他们只懂得不断向外抓取，他们渴望从对方身上索取爱去填补自己内心的空虚，却不懂得真正的爱是给予、是不求回报的付出。这就是亲密关系中不断产生问题的根源。"

"老师，您刚才说的'爱无能'是什么原因造成的

灵性生活——让幸福来敲门

呢？有什么办法可以解决'爱无能'吗？"

"这要从我们的原生家庭说起。在我们还是孩童的时候，父母就是我们的全部，我们渴望得到父母的爱与认同，但是父母可能会因为工作等原因，没有给到我们想要的足够的爱与陪伴，以及赞许和肯定，于是我们就会以为自己是不被爱的，是不被在乎的，自己是不够好的。我们就变得像个空心人一样，终其一生都在不断地向外索取，企图通过别人去满足我们对爱与肯定的需求。但是，这个世界上是没有人能够完全满足我们的需求的，所以，向外索取的结果只会不断地让我们陷入失望与痛苦的深渊之中，这样的人是不会快乐的。就像《爱的功课》里写的一样：'我们努力学习、努力工作、努力的表现自己，我们做得很成功，赚很多钱，其实也只是为了得到别人的爱和肯定，可是无论我们的外在多么成功，我们的内心是空的，我们还是没有爱。内心没有爱的人是不懂得快乐的，更高的地位和更多的财富带给我们的，只是表面的虚荣和瞬间的快乐，短暂如烟花。不幸的是，很多时候我们不可能做得那么成功，那么优秀，情况就变得糟糕，我们便自责、抑郁甚至自我毁灭。没有爱的能量，谁也不可能幸福愉快地走完人生旅途。怀揣着那颗空的心，我们渴望得到异性的爱，可是总是有太多的失望。这个世界空心人太多，而往往，空心人总是遇到空心人，彼此都渴望从对方身上找到爱来填补内心的空虚，于是以爱的名义，两个人的关系变成了索取、控制、怨责和伤害，这就是爱无能。这个世界上，太多的人患上了'爱无能综合征'。有些人看上去花心，不停换男朋友或女朋友；有些人开始带上他们自己的'滤镜'，只要看到异性对他们眨一下眼睛，就认为别人爱上了他；有些人分不清楚友情与爱情的界限，搞不清性爱与好感的关系；有些人在爱情里面求一个'生生死死'，他们渴望的感情很浓烈；有些人浅尝辄止，他们只求数量的多，爱情或者性便成了这些饥渴心灵的救命稻草，抓住了就不想撒手。这一切，只为证明自己是可爱的，值得别人爱的。可是，他们的心只要一打开，便满是伤痛……当内在缺乏爱的时候，不可能在对方的眼里找到爱。'"

看到同学们纷纷表示认同的神态，老师继续说道："爱根本不需要别人的印证，所有外向的努力都是徒劳无功的。《爱的功课》里还写道：'当内在有一个声音不停地告诉你，你是不值得爱的时候，没有人会真正爱上你，就像你不可能真正爱上别人一样。印度的一位灵性大师说，'爱是一种品质，是自然的溢出。'它说明爱是一个流动的关系，就像泉水源源不断地往外涌动，爱是不求回报的付出，是你快乐所以我快乐的平静的喜悦，没有要求、没有原则，只有包容和接纳。它是一份巨大的力量，萦绕着你，时刻与你同在。'宗萨仁波切也透彻地解读过爱情：
'在我们证悟之前，我们所有的爱都是基于自我，或者说，
我们所有的爱都需要回馈。自我一直没有安全感，它非常
缺乏存在感，为此他需要不断的通过他人、外境来摄取存
在感。当你发现对方无法满足你对安全感的索求，例如你
每天都亲吻你的爱人，而他从不主动亲你，这样过了一段
时间，你就会觉得不平衡，你开始怀疑他对你的爱，然后
你会认为他已经不爱你了，于是你会寻找另一个安全感的
来源——另一个爱人，让他给你新的安全感。在这样的
爱里，我们一直在计算，试图维持感情方面的收支平衡，
因为我们有自我，我们需要喂养自我，这让我们无法专心
的爱，无法心无旁骛的爱。我们和对方拥吻的时候手里都
拿着计算器，一旦我们觉得自己在爱情或家庭方面收支不
平衡，我们所得到的就是不安全感，我们的自我感到威
胁。这就是基于自我的爱，这种爱要求回报，掺杂自我的
爱从来不是无私的。而身为未证悟实相者，即使我们想，
我们也不可能有超越这种爱的爱。但这不是真正的爱，这
种爱以自我为中心，很少真正考虑别人的感受，它以对方
的付出来决定自己的付出，这是交易。这也是为什么我们
的家庭关系总是这么紧张、总是出各种问题，因为我们并
没有真的爱过任何人。想想看，你有完全不需要回馈的
爱过任何人吗？不管他做什么都丝毫不影响你对他的爱？
如同多数父母强迫自己的孩子在很小的时候就肩负荣耀家

族的使命，这其实是全然的自私。他们没有从孩子的角度考虑，他们不过是希望让孩子满足他们的自我，重建他们失败的人生。在爱情里，我们也是如此，我们希望对方全然满足我们的自我，我们之所以爱对方，因为对方爱我们几乎像我们爱自己一样，我们在他这里可以体会自我被全然满足的快感。但好景不长，很快，因为对方也是自私的，他来我们这里也是为了满足他的自我，因此，当最初的冲动慢慢停滞下来之后，双方都开始看到对方的一点真面目，那时候双方都开始要求对方提供不少于自己的爱的爱，双方关系最佳时期可能就是双方收支比较平衡的时期。但很快，我们被其他事情分心了，其中一方可能无法及时提供对方所希望的那么多爱了，这个时候，另一方就会感觉不安全，争吵就可能发生。这样的事情每天都发生在我们身上，发生在我们的爱情和亲情中。当双方收支已经到了差异巨大的时候，我们就会倾向于建立一段新的感情以维持自我的养料，这就是我们的爱。"

听了老师的这段话，心若想起她曾经在《灵性炼金术》里看到的一段话，和老师说的话异曲同工："人们总是试图通过亲密关系来缓解自己深刻的孤独和恐惧感。他们努力用别人的能量填补自己的空虚，企图通过他人的认可、关注和喜爱抚平他们的伤痛。在某种意义上，他们把自己的受伤孩子交给了伴侣。这是一个非常危险的游戏。

迟早一天，一方会对另一方形成感情依赖，之前的爱情和心心相印就会变成或微妙，或明显的权利游戏。一旦你为了爱和安全感而依赖他人，你就是在索取他或她的能量，这常常会导致斗争和冲突。你们最终会变得比原来更加孤独。在这观点中，你们假定痛苦原因与解决办法都在自己之外，如果以这种心态开始一段关系，最终会要求别人为你内在的伤痛负责，把自己当受害者，等于从一开始就剥夺自己的权利。"当时心若还看不懂这段话的深层意义，如今听完老师说的这段话，如醍醐灌顶，豁然开朗起来。

"李欣频说：'人之所以会因爱受苦，并非是对方让你受苦，而是因为对爱的不当信念，所以离开让你受苦的信念，才是根本之道。如果带着这些让你受苦的信念，即使是跟再好的人谈恋爱，也会从天造地设的佳侣搞成地狱怨偶。'奥修在《爱——如何在觉知中相爱，同时无惧地相处》也提到：'很少人知道如何爱，人们都知道爱是必要的；也知道没有爱的生活是没有意义的，但人们不知道如何爱。凡是以爱为名所做的一切都不是爱，它总是另一回事。它混杂了许多东西：嫉妒、愤怒、仇恨、占有欲、控制、自我……所有的毒药摧毁了这仅有的甘露。爱，意味着摆脱这些毒药，慢慢地，你会看到一个爱的新品质在你的内在升起。'"老师意味深长地说道。

"请问老师，爱情的错误信念是什么？爱的实相又是什么呢？我们又该如何从爱中觉醒呢？"心若一连串的发问，身边的同学们都纷纷点头示意想要知道这个解答，或许情伤是大部分女子都要面对的人生功课吧？

"很好的问题，这也是我想要告诉大家的。所谓不当的信念，最常见的就是'应该'两个字。在亲密关系中，我们总是觉得对方为我们所做的一切都是应该的，理所当然的，当我们怀着这样想法的时候，我们就失去了感恩之心，我们完全看不见对方为我们所做的付出，甚至还埋怨对方做得不够好，于是对方就会渐渐因为你不断的指责与不满足而心生不满，两个人之间的关系就开始变得越来越糟糕。《爱情觉醒地图》里写道：'应该两个字是毒化两人关系最常见的致命伤，因为当你认为对方应该如何时，你就是把自己的所求框架套在对方身上，一旦他不愿待在你的框架里，你与他的紧张拉锯战就开始了，然后你便开始受苦。所以当你脑袋里再度跑出'他应该如何如何'时，请改成'他本来大可不必如何如何，所以我该怎么做？'……一旦你把'应该'两个字拿掉，你们在关系之中的手链、脚链就松开了，彼此再怎么亲密，也该像你对待朋友般那样尊重他的自由意愿而非强调他的'义务'，这也是为什么在很多时候，友情比爱情长久的缘故。"

听了老师的回答，心若想起以前自己经常把"你应该"挂在嘴边，她觉得羽生应该要把她放在第一重要的位置，她觉得羽生应该要时刻关注着她，一旦这个期待让她失望了，她就会陷入"他不爱我"的陷阱里，然后就是无休止的痛苦和抱怨，最终导致了他们关系的破裂……"应该"这两个字果然是毒化关系的致命伤啊！

"应该"这两个字果然是毒化关系的致命伤啊！

看到同学们纷纷陷入沉思之中，老师继续说道："真正的爱是，当你足够地爱自己，爱到满溢，你自己成了爱的本身，才有能力将自己满溢的爱自然而然地流向四方，无条件地去爱，不求回报地去爱。《爱情觉醒地图》里写道：'情人是来分享你独有的幸福与爱，而不是施与给你所要的幸福与爱时，你就是爱的自由胜利者！最棒的爱的箴言，不是相守一辈子，而是我们在一起时的每分每秒，我会专心爱你，如果以后有人比我更能照顾你、爱你，而你也爱他，那么我会非常开心的祝福你们未来的生活，并且感谢他愿意照顾你的未来——还给情人未来的自主权（这是他本来就该有的，不是你给他的），是让你从爱的"应该"信念牢笼中解脱的第一步。就像父母不应把孩子视为自己的财产，父母只负责把孩子带到这个世界，你照顾他，但他的人生必须他自己说了算，他自己决定、自己负责……爱是一种纯然的状态，与有没有对象无关，爱只与自己现在的状态有关，与他人无关；就像花香也是一种状态，与有没有人闻它无关，也不会因为旁边的人没有专心闻它就会气得不想绽放花瓣散香。你只能自己在爱的状态之中，旁边是否有人完全不会影响你爱的品质；就像特蕾莎修女就算一个人在家，她依然是处在爱的状态。爱情是最好的修行道场，也是最快的修行方式，要做到无论身边有没有情人，都不影响你的喜乐，因为人生无常，没有人能保证两人的天长地久，但自己的生命课题是一辈子的，如果你能做到'有没有这个爱情'都没差别，那么就表示'爱情'的课题过关了。'"

"情人是来分享你独有的幸福与爱，而不是施与给你所要的幸福与爱"这句话，简直颠覆了心若一直以来的爱情观。心若一直以为，最完美的爱，就是找到一个全然包容她、爱护她的人，让她可以在他的爱里快乐的生活……原来这只是对爱的索取而并非真正的爱啊！"我一直在向对方索取爱，却不知道给予对方爱、不知道与对方分享爱，这种爱的失衡才是导致问题的原因啊……"想到这里，心若一下子释怀了，问题原来一直在自己身上，而自己却总是责怪别人，忘记了自己才是问题的始作俑者。

"大部分女性朋友在爱情里，都习惯把自己的安全感和对爱的渴求都寄托在对方身上，这样的心态注定会让自己陷入痛苦失望的境况，当对方无法满足你所有的期待、无法成为你坚实的依靠时，你就会指责对方，最终对方因承受不了这样的压力而离开。每个人理应要为自己负责，照顾好自己，活出自己的美好，而不应成为别人生活与精神上的负担。只有你自己真正从内心深深地爱自己、认可自己、欣赏自己时，你才有可能遇到真正爱你的人，否则你是不可能遇到真正的爱的，就算遇到了也只是昙花一现。因为如果你的内心里、本质上你不爱自己，你就不可能会遇到爱你的人，你发出的振频就是不爱的振频、是低的振频，这样的频率不可能会吸引一个高振频的状态，只有你在爱的振频里，这样的频率才能吸引来真正爱你的人。"老师仿佛看透了心若的心，用慈爱的目光注视着心若说。

"很多人都希望有一个理想的伴侣，可以让自己感受到被爱，可以互相陪伴，可以让自己感到安全等等，这是我们普遍的美好愿望。但是你要清楚地知道，你才是一切的源头，所以我们要让自己成为爱的源头，源源不绝地向四周、向每一个人、向大自然给出你的爱，如此你才不会因为匮乏而不断地向外去抓取。《个人觉知的力量》一书中写道：'无条件的爱是学习成为爱的源头，而非等待别人成为源头。人们渴望加入别人，拥有亲密的联结，但同时又保持分别。如果某个关系让你窒息，你被要求做你不想做的事，那是因为你没有厘清自己的范围。虽然责怪别人比较容易，然而你才是需要厘清界限的人。从另一方面来说，如果你想从别人那里索取什么想要的却得不到，那是因为你想用别人来填满你内在，一个只有你才能充实的空间。如果一份关系让你感到窒息，你总是认为对方对你的要求太多，多于你愿意给的时间、注意力和对关系的承诺，你责怪对方要求太多，那其实是你内在的模式创造的结果，你会继续吸引类似的关系，直到你认出来为止。通常模式以相对的方式表现，你可能会吸引要求过多或已婚而不愿意投入的人。如果你的界限很清楚，你就会发现拒绝很容易，不会吸引不断测试你界限的关系。一旦你清楚自己愿意付出多少，以及你和别人都感觉很好的平衡是什么，你就会吸引符合你的新意向的关系。正如宗萨仁波切说的，一个完全无我的人，一个视你如他自己的人，他爱你的方式可能很多样化，但他最关心的当然是让你获得和他一样的解脱。他也不期待你有某种回报，因为他没有自我需要被喂养。他不需要计算付出的爱和收到的爱是否均衡，因此他的爱是真正的爱。'"

听了老师的这番话，同学们都若有所思地点点头，陷入了深深的沉思中。

"人们以为他们唯有找到一个值得爱的伴侣，才能够去爱……爱的流动与成长并不需要完美，爱跟另一个人无关，一个充满爱的人只是去爱，就像一个活生生的人会呼吸、吃饭、喝水、睡觉一样，你不会说，除非有完美纯净的空气，否则我就不呼吸。"

——奥修

第6章
来一场心灵大扫除吧！

老师今天要教授一个非常有威力的清理工具：断舍离。看到这个主题，心若心里暗想："太好了，断舍离一直是我做不好的功课，我总是无法彻底地进行断舍离，这门功课一定要好好学习才行。"

只见老师在黑板上写道：

让人生舒适的行动技术"断、舍、离"。

断＝断绝想买但实际上并不需要的东西

舍＝舍去多余的废物

离＝脱离对物品的执念

"断舍离清理术源于日本，一位叫山下英子的人写了一本叫《断舍离》的书，表面看这是一种家居整理的收纳术，从深层来看，这其实是一种活在当下的人生整理观。山下英子在自我的行动之中，将断舍离这一概念，从最初的日常生活整理术，提升到生活美学的高度，将断舍离实践到我们的生活中去，进而影响我们的人生，给我们的人生做减法。这本书风靡全球，然后很多人开始了这种断舍离的生活。山下英子说：'如果你的家中堆满了闲置物品，你的生活就会被过去束缚。如果你的家中到处都是你不喜欢的物品，你就会时常觉得闷闷不乐。当你的家变成无用之物的栖息场所时，你的未来生活自然不会自由自在。你的家，必须以你为主角，是你自己的自由空间。透过整理物品来了解自己，整理心中的混沌。'当我们不断重复'断'和'舍'，到最后得到的状态就是'离'。将加法生活转换为减法生活，为心灵带来的全新的净化，进而发现什么对我们才是当下真正最重要的，这就是让人生舒适的断舍离清理术。断舍离并不是一次性的大扫除，而是通过断舍离的方法，去认真地审视自己的生活，通过觉察的方式扫除心里的尘埃，看清内心真正所需所想。我们在生活中会经历形形色色的烦恼，清净的本性时常被无明所蒙蔽，所以我们要时时观照自己的内心，就像擦拭灰尘一样，时常自我觉察与反省，回归清净无染的本性。当你觉得生命需要流动或是需要更新，却又无从下手的时候，不妨先从整理自己开始，打扫一下自己的生活空间，好好地清扫房间，将不必要的东西清理掉，好好地擦拭房间里的桌子、柜子、地板……最重要的是，要让阳光满满地透进屋里面，照亮房间里的每一个角落。当你走在路上的时候，好好地享受太阳之父的照耀，享受这金色的光洒落在我们身体的每一寸肌肤，进入我们神圣的身体殿堂，享受这金色的光滋养着我们、爱着我们。"

老师顿了顿，提高了声调继续说道："所以，照顾我们所在的空间也是照顾我们的身体，你是如何照顾你的空间的？当空间处在和谐美好中，住在空间里的人自然感觉和谐美好。不仅所在的房间，空间还存在很多场景中，比如与父母相处需要心的空间、精神领域探索的空间，与伴侣相处需要情绪的空间、聊天的空间……也有一些空间是无形存在的，当我们将这些空间变回最初的模样，不再堆积着多余的东西，敞开变得更自由、更和谐美好，真实的想法与真实的情感才能自然而然流露出来。所以，在物品的断舍离之外，更高的层次上是对我们自己的内在做清理。家中的环境是一个人内心的折射，如果你的家很乱的话，要么就是你会忽略自己内在状态，要么就是你从未去关心过，你自己的内心究竟想要的是什么？"

"在我们当今的这个社会，很多广告信息都在宣传让更多的人去买东西，其实这背后呈现出的是你自己的欲望、攀比心与虚荣心。每一个你身边的物品，它都意味着某种情感的连结，在丢弃物品的过程中，去探索和发现这些物品在你的心里究竟占据着怎样的位置？它意味着怎样的情感连结？比如攀比心或虚荣心涉及的一些物品，可能就涉及你的不安全感与恐惧，你感觉好像永远都少了一点什么，永远都想要通过不断的购买、不断的囤积，让自己感觉安全。这种匮乏感在物品的显现上，就是你会购买很多自己并不真正需要的东西，同时这个内在的匮乏感所衍生出外在的呈现，除了囤积物品之外，还呈现在亲密关系上面，就是想要从对方身上获得更多的爱。你所在周遭的一切都在反映自己，让我们好好地为自己内外都做一个大扫除、大清理吧！你可以检查自己所在的空间环境是否整洁干净，好好地为自己的房间扫地、擦地、倒垃圾，把打扫视为静心的时机，带着虔诚的心去感谢这一切，你会发现当你把空间整理得越来越整洁时，内心也变得更加清澈了。"

"老师，那些朋友送的礼物或者值得纪念的东西也需要清理掉吗？舍不得怎么办？"同学们纷纷问道。

"那些你觉得充满回忆的东西，可以郑重其事地去跟它们做告别，感恩这些物品曾经在你的生命里带来的重要的意义和价值，然后把它们送给需要的人。实在舍不得的物品，可以拍下它们的照片，让它们以别的方式存在于你的生活中，而非以这种'物品'的方式去占用你生活的空间。"

心若想起自己总是无法割舍很多物品，从小到现在写的厚厚一叠日记本、收到的第一封信到最后一封信、所有收到过的卡片、同学录、朋友送的所有礼物，心若都一件不漏地珍藏着，包括所有让她痛过、伤过、感动过的事物，她全部把它们放在自己的内心深处，她以为这是珍惜感情、缅怀感情的一种方式，可是心若不知道这一切已成为她生命中不可承受之重……其实心若舍不得的不是这些物品，而是珍贵的回忆给她的情感体验。学习了"断舍离"清理术，心若明白了她只需把这些情感放在心上，然后把这些东西全部清理掉，回归身心的平静。

"为自己创造一个美好的能量场，让所有心爱的人、事、物围绕着自己，想象一下那种感觉，活在爱里的感觉，你的内心是否感觉到很和平与喜悦？所以，现在开始，把所有不喜欢的人、事、物都清理出你的生活，只留下让你心动的、真正喜爱的人、事、物，让自己活在充满爱的能量场里，让这样的能量场滋养身心，那是一种无法言喻的幸福状态。"伴随着老师的描述，心若陶醉在那种无比美好的境界中……

接着，一段很优美的音乐与老师轻柔的声音飘来："现在我带大家做一个内在清理的冥想，通过这首音乐，来想一下你内在是不是还有不平衡、委屈、伤痛，不被爱、否定自己的情绪，让音乐带着这些情绪离开，让我们删除掉所有内在的负向情绪与印记。好，现在请大家轻轻地闭上眼睛，做几次深呼吸，随着你的呼吸，你的身体越来越放松……现在请你去看到你所有的委屈、所有的伤痛，去看到你所有感觉不平衡与不被爱的情绪，去看到你对自己所有的责备与批判……很好，让情绪流动出来，看见它们、谢谢它们并放它们走……告诉它们，现在你已经不再需要它们了……打开你的内心，随着音乐把光带到你的心中……是的，光已经进入你的全身，光能够瞬间疗愈你心中所有的伤口……就是这样，持续地让光进来，把爱、原谅、宽恕与和平都带进来，清除你内心所有的障碍，让你的内心回归生命的喜悦……"（李欣频）

做完这个冥想，心若感觉身心透彻轻松了很多，内心也越来越平静与喜悦。

最后，老师还教了大家一个《零极限》里的简单清理方法："轻轻触摸一下街边或公园的树木，一边口念'冰蓝'一边轻轻触摸身边的植物，它们能够帮助你进行清理，能将你从痛苦中解放，协助你回归自由。"

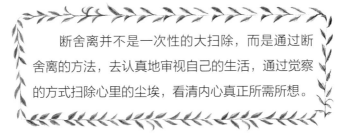

断舍离并不是一次性的大扫除，而是通过断舍离的方法，去认真地审视自己的生活，通过觉察的方式扫除心里的尘埃，看清内心真正所需所想。

第三篇

创造全新的生活

一个月之后，心若又来到了老师的工作坊。这次第二阶的课程主要学习的是关于"创造自己理想的生活"。带着好奇和兴奋的心情，心若来到了教室。关于如何创造想要的生活，老师说首先要认识"信念"这个概念。

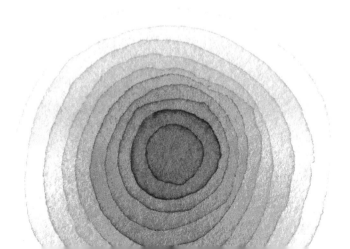

第1章
你想要怎样的生活？
你完全有能力去创造它！

　　"最近看到一个研究成果，现在的科学家已经研发出可以用'意念'控制的迷你无人飞行器。事实上，近些年来，无论科学、艺术，或心灵的领域，都在不断接近同一个成果，那就是：意识可以创造实相，一切我们内在所看见、所描绘的图景，都可以被创造成真。'宇宙真理'听起来浩瀚无边，渺小如我们，或许还远远不能抵达，然而有一样东西，是我们可以掌握的，那就是我们自己的心。"老师用温柔而有力量的声音说道。

　　"我们经常听佛家说：'一念天堂、一念地狱'。确实，思想、信念的力量是非常强大的。你选择天堂还是选择地狱呢？每个人都可以活成自己想要的样子，关键在于你自己的信念与想法。同样一件事，有人看到的是恐惧，有人看到的是爱。这个世界所有的人、事、物并无正负之分，真正让你受苦的是你对人、事、物的负面信念。我们不知道一切的问题都是出在自己身上，只要改变了自己，

第三篇　创造全新的生活

改变了心境，所有外面的人、事、物都会境由心转地随之改变，力量就在我们自己的手中。心理学上有一个ABC法则，说的就是这个理论。A是事件，B是你的信念和想法，C是结果。事件A永远是中立的，所以可以影响结果C的是B——你的信念和想法。没有任何事情可以造成心理上的痛苦，痛苦是你创造出来的，因为那是你对事情的解释。正如古希腊哲学家爱比克泰德（Epictetus）所说的：'真正困扰我们的，并非发生在我们身上的事情，而是我们对那件事的想法。'在《心诚事享》里写道：'即便是地震、海啸等自然灾害的发生，那也只是地球几亿万年的自然现象，是人们加诸这些自然现象正与负的标签，就像一场雨，对求雨若渴的农夫而言是天降甘露，对已经洪水成灾的难民来说就是天地不仁。当你愿意撕掉正与负的标签，不带过去成见地去看，才能从悲剧的角色中跳脱出来……同样的，事实上不是外在的人、事、物让我们心情好或不好，而是我们心情创造出与外在相对应的人、事、物状态。你的心情就是最好的创造频率，这频率会像涟漪般扩散，与这频率相对应的人、事、物会自动进到这频率波中，加大这频率波的显化力量与速度。'艾匹克提塔斯在《生活的艺术》一书中有一段我非常喜欢的智慧文字：'事情本身不会伤害或阻碍我们，别人也不会。我们如何看待这些事情则是另一回事，而带来麻烦的正是我们的这些态度与反应。我们不能选择我们的外在环境，但我们永远可以选择如何去反应它们。'"

寻着老师的这个思路，心若沉入了思考：老师说不是外在的人、事、物让我们心情好或不好，而是我们心情创造出与外在相对应的人、事、物状态。那么，因为我的内在有"伴侣都是不可以信赖的"这个信念，所以才创造出对方出轨的事实吗？而如果伴侣出轨的事件本身是中立的，如果她此时是一个觉得和对方性格不合、正想要和男朋友分手的女人，那对方的出轨正好是一个契机，这样她还不用担心对方会受因此伤害，或是担心自己找不到提出分手的理由呢！所以，让我情绪起伏不定、让我受苦的不是事情的本身，而是自己对出轨这件事的态度和看法？还有围绕着伴侣出轨这件事所编造的种种"故事"，让自己感觉自己不够好、不被爱……而我总是担心对方会背叛我、总是执着地追求忠诚的爱情，这种焦虑与不信任的频率才是真正的创造对方背叛我的事实的罪魁祸首！想到这里，心若恍然大悟，原来一切都是自己创造的，自己才是问题的根源！

"罗曼·罗兰说，世界上只有一种英雄主义，就是认清生活的真相后，依然热爱生活。而我们当下生活的一切，其实都是自己创造出来的，我们既然有能力创造这些，也同样有能力创造出不同以往的一切。我们并不能改变当下既定的发生，也不要试图改变任何外在的人事物，但我们永远都有选择，选择自己可以何种状态、心态去面对。旧的路径只会去往旧的目的地与方向。如果我们想要新的目标、方向，往往就需要选择新的路径，也就是从旧有的惯性思维与行为模式中，跳脱出来。世间没人能真正让你解脱、放下，除了你自己；也没人能真正让你深陷痛苦纠结中，除了你自己。一切，都在于我们当下的选择与创造。我们内在所看见、所描绘的一切图景，都可以被创造成真。"

接着，老师说道："相信大家都听说过《霍金斯意识能量层级表》吧？世界上的万事万物都会散发能量，非正即负。爱因斯坦的质能方程式也说明了物质就是能量。科学家们已经测量过，人在不同的精神状态下，身体的振动频率是各不相同的，人类各种不同的意识层次都有其相对应的能量指数。美国著名的精神科医师、心理学家大卫·霍金斯博士（Dr.David R·Hawkins）在《心灵的正能量与负能量》一书中写道：'人类不同的意识层次对应着不同的身体能量振动频率，情绪越正面者，能量频率越高，反之则越低……'霍金斯博士经过二十年长期的临床实验，发现人类各种不同的意识层次都有其相对应的能量指数，他发现人的身体会随着精神状况而有强弱的起伏，他把人的意识映像到1~1000的范围。根据霍金斯博士的

'意识地图'（Consciousness Map）理论，人的意识能量由低至高可分为17个层级。勇气等级200是正负能量的分界点，200以上属于爱，信任，勇气的正向频率带，200以下属于恐惧，怀疑，愤怒的负相频率带。《臣服之享》里提道：'低于200的意识等级是具有破坏性的，而200~1000的频率则对生命有利，可递增地改善身心健康。意识越正面能量越强大，就越容易修复自己和帮助别人，所以努力维持自己的振动频率在200之上，改变身体中粒子的振动频率，不但能够改善自己的身心健康，而且还能够帮助身边那些频率低的人。'霍金斯博士研究过的特蕾莎修女（1910—1997，1997年获诺贝尔和平奖）是他遇到过的最高频率：700。传说当德蕾莎修女走进屋子里的一瞬间，在场所有人的心中都充满了幸福，她的出现使人们几乎想不起任何杂念和怨恨。"

老师看了看目瞪口呆的同学们，继续说道："完全开悟的等级是1000，位于意识能量的最顶端，是人类可以成就的最高层次，宗教领袖、伟人等的能量都在这个意识层次。据吸引力法则，频率不同，吸引来的人、事、物就有天壤之别。人的信念系统，潜藏着无意识的负面，也就是说人总是会无意识地选择负面的想法。既然如此，那我们有没有什么办法，可以把人的这种无意识的负面频率转往正向频率呢？"

看着同学们面面相觑的样子，老师微笑着说道："信念是一次一个焦点的，我们不可能同时一边想着面包，另一边想着冰淇淋。同理，我们不可能同时拥有负面思想与正面的思想，所以，永远选择正面思维，是提高你的能量等级最简单、直接和有效的方法。"

"老师，怎样才能做到永远选择正面思维呢？感觉很难做到呢。"同学们纷纷问道。

老师回答道："其实一点也不难，甚至很简单，只要你能够做到无论发生什么事情，都能立刻找到当中正向的、值得感恩和欣赏的地方，这样就可以轻易地帮助大家永远保持正面思维，从而让我们的内心时刻保持平静、喜悦的高能量的状态，然后去为我们吸引和创造出更美好的生活！《秘密》这本风靡全球的书强调的就是吸引力的存在：告诉自己想要什么，相信什么或是想要成为怎样的人，吸引力就可以帮你实现。但吸引力分辨不出你想要的和你不想要的，它只会把你心里经常想到的、所相信的，在一定的时间内，带到你的面前，带进你的生活。所以我们应该想着自己想要的，想着自己要成为怎样的人，想象着生活的美好，想象着梦想实现的快乐，这样就会有很多愉快的事情出现在你的生命里，成为一个又一个幸福的惊喜。值得提醒的是，不要一直沉浸在过去的不幸和悲伤里，或是纠结在过去的悔恨中，那样只会造成更多的悲伤和悔恨，因为吸引力接收到的是你心中所想的，而无法给予你脑海中没有的。日本经营之神松下幸之助，相信大家都听说他的名字，有记者采访他为何如此成功，他告诉记者，在小时候，他妈妈总是告诉他：'孩子，记得任何时候，你都是最幸运的人！'就是因为妈妈从小在他的心里种下了这样一个信念，所以无论松下幸之助在以后的人生中遇到什么困难和挫折，他都坚信自己是幸运的、相信自己一定能跨过难关，才成就了现今的松下幸之助，可见信念的力量是多么的强大。各位有孩子的父母，一定要记得，改变孩子的信念比任何事都重要！你是自己生命的创造者，你相信什么就会创造什么，所以尽可能地拥有正面的信念吧！"

老师慈爱地看着大家，继续说道："每个人是一颗种子。我们的每一个念头、说出的每一句话、做的每一件事、包括我们自己本身，都是一颗又一颗的种子。而我们所种下的种子，构成了我们目前的生活和经验的一切。你有思考过自己正在播下怎样的种子吗？"

同学们纷纷摇头，老师微笑着继续说道："每一颗种子都有机会萌芽、开花、结果，每一个当下我们都有机会种出我们梦想的生活：和谐的亲密关系、丰盛与财富。所

第三篇 创造全新的生活

以对你当下所做的每一件事情保持觉知，让自己一步一个脚印地踏出坚实的步伐，去创造、实现你的梦想生活吧。《喜悦之道》里写道："你有能力创造任何你要的东西；唯一的限制是你自己为自己所创造的。"现在就开始写下你的梦想，做所有能够促成你梦想实现的事，想象你人生的画布已经展开，而你的调色盘里充满了无尽的色彩……这个世界由你来创造。"

每天早上醒来，都要告诉自己：我很健康、我很幸福、我很丰盛、我很成功，我是宇宙独一无二的存在、我是深深地被爱着的、我值得拥有所有的美好……每天都做这样的自我意识植入，可以帮助大家植入正面的信念，久而久之就会成为你生命的主旋律，从而创造出相应的实相去验证你自己的这些信念。

第2章
蜕变重生的方法，你我都能做到！

"今天我要教给大家一个很棒的检验你自己思想的方法！"一上课，老师就直达主题。

"首先给大家讲一个发生在我自己身上的故事。十几年前，那时候我还没有进入身心灵成长的领域。我记得有一次我和先生要走到街对面的餐厅吃饭，走过去才发现有一根像树干一样粗的长管拦在了路边，而且长管子很滑，是在往前移动着的，我们试着站上管子，但是没有成功，于是我想要和先生先商量一下要怎么做再行动。还没等我说话我先生就拉着我的手跳了过去。因为当时我还没有做好准备，所以被这个突如其来的行动吓到了，我也差点滑倒，那一瞬间我觉察到自己愤怒的情绪被燃起了，当时我不自觉地脱口而出一句'你神经病啊！'，当时我先生看到我的反应，莫名其妙的也立刻回了我一句'你才神经病！'，然后我就感觉到很受伤、很委屈，我还记得当时我的眼泪一直在打转……后来我静下来好好回想这件事的时候，才发现我的愤怒来源于我感觉到自己没有被先生重视和关爱，而这并非事实。回想起来，我当时应该首先处理好自己的情绪，然后再回过头来处理这件事情。我当时因为愤怒脱口而出的话，让对方也感觉到了被伤害，于是他也条件反射的回了我一句，就像两个小朋友在吵架样。所以，当事情发生的时候，要第一时间喊停，明白自己的不舒服与对方无关，而是我们自己内在一个多年的旧伤被触动了。然后再问自己，到底是哪些旧伤被触碰到了呢？这个感觉是从什么时候开始产生的呢？而我能够从中得到怎样的礼物呢？然后回到第一次产生这种感觉的事件，与当时的自己做和解，彻底删掉这个不当的信念。接着，回到现在发生的这个事件，用"转念作业"去观看自己的念头，去检验你的想法是否为真。"

接着，老师转身在黑板上写着：

"我觉得他根本不爱我、不关心我！他永远只顾他自己，他是一个超级自私的混蛋！"（否定句）

"这是真的吗？我肯定这是真的吗？"（自我提问）

他真的一点都不爱我、不关心我吗？好像不是，

很多时候他都是很在乎我、关心我、照顾我的。（自
我反省）

　　当你持有那个想法时，你会如何反应呢？（我会
感到生气、愤怒、悲伤、充满负能量）

　　没有那个想法时，你会是怎样的人呢？（没有这
个信念的时候，我感觉非常愉悦，这时我会是个充
满喜悦和爱的人）

　　"他很爱我、很关心我，他不是永远只顾他自
己，他不是一个超级自私的混蛋。"这句话的真实性
是否不亚于之前那句话？（转念句）

　　"他觉得我根本不爱他、不关心他！我永远只顾
自己，我是一个超级自私的混蛋！"好像有时候，这
句话某种程度上来说真实性也是有的。（反向思考句）

　　接着老师微笑着说道："这就是拜伦·凯蒂在《一念之
转》里介绍的'转念作业'，它可以帮助我们以全新眼光
看待所有烦恼的问题。《一念之转》的作者拜伦·凯蒂是享
誉世界的心灵导师，书中讲述的是如何利用转念作业进行

简单有效的清除烦恼的方法。小到工作生活中的摩擦不爽，大到面临亲密关系、疾病、生死时的恐惧痛苦，经由转念练习，生活将会开启新的篇章。转念作业的基石是：做真相的'情人'，你的想法正在跟真相'争辩'，而争辩是痛苦的来源。我们的痛苦，无一不是因为执着于不真实的想法而造成的。每个不舒服的感受背后，都有一个不真实的想法。而我们随时都会受到情绪的打击而一蹶不振。情绪是很好的线索，让你知道自己的想法。情绪的升起与觉察，都是提醒自己做转念练习的机会。"

"凯蒂常说：'造成我们痛苦的，并非问题本身，而是我们对问题的想法。'若你持续做'转念作业'，你会发现发现它能毫不费力地化解你的焦虑，进而你能经验到内心的平安，在这不可思议的转变过程中，找到如同凯蒂所说'做真相的情人'的那份喜乐与自由。转念作业的工具是四个问句和反向思考，它把人们痛苦的根源，用自我质询的方法，让人们跳脱自制的陷阱。

"这四句反问简单至极，一旦尝试应用，你就会被这神奇的四句话折服：

1.那是真的吗？

2.你能肯定那是真的吗？

3.当你持有那个想法时，你会如何反应呢？

4.没有那个想法时，你会是怎样的人呢？

"在四句反问之后，做反向思考是让自己获得健康、平安和快乐的药方。经由反向思考，你会发现：对于自己误以为正确无比的念头，反向思考的说法也同样真实或者更加真实。经由对念头的重新审视和翻转，你找到了思维的陷阱以及另外的可能性。生活由此展开新的一面。"

心若利用练习的时间，写下了她的否定句："我是不被爱的，没有人真心爱我。"

然后，心若开始用这个转念方法去检视她的这个句子的正确性：

这四句反问简单至极，一旦尝试应用，你就会被这神奇的四句话折服：

1.那是真的吗？

2.你能肯定那是真的吗？

3.当你持有那个想法时，你会如何反应呢？

4.没有那个想法时，你会是怎样的人呢？

1.那是真的吗？我真的是不被爱的吗？真的没有人真心爱我吗？是的啊，如果我是真心被爱的，为什么总是会遭遇背叛、被出轨呢？

2.你能肯定那是真的吗？我真的没有被真心爱过吗？好像也不对吧，感情开始的时候，对方总是全心全意地爱着我的，即使后来对方出轨了，他们也还是爱着我的啊！

3.当你持有那个想法时，你会如何反应呢？当我有"我是不被爱的、没有人真心爱我"的想法时，我会感到很悲伤、难过、怨恨，我被负面情绪所包围，能量非常低，状态很不好。

4.没有那个想法时，你会是怎样的人呢？当我没有那个想法时，我是个很乐观、开朗、喜悦与和平的人，我的内心充满爱，我有满满的正能量，能量状态非常高。

写到这里，心若感觉能量状态已经有了很大的变化，原来感觉沉重的心情立刻变得轻盈起来，心若不禁惊叹到：好神奇！

接着，心若写下了反向思考句："我是被爱的，很多人都是真心爱着我的！"是啊，其实有很多人都是真心爱着我的啊！我的父母、我的孩子，他们绝对是百分百爱我的啊！还有那些背叛我的人，他们也并非不爱我啊，而是其他原因造成的，有我的原因，也有他们自己的原因。当时的我们都还不懂得真正的爱，都只会向对方索取爱，这必然会造成很多问题的产生，出轨也只是其中一项副作用而已吧！"对于自己误以为正确无比的念头，反向思考的说法也同样真实或者更加真实。经由对念头的重新审视和翻转，你找到了思维的陷阱以及另外的可能性。生活由此展开新的一面。"想到这里，心若不禁笑了，人是多么容易被自己的头脑所欺骗啊！

老师的这些话深深烙印在心若的心里，心若决定用这个方法去翻转自己所有的负面信念，好好掌握这个让人蜕变重生的好工具！

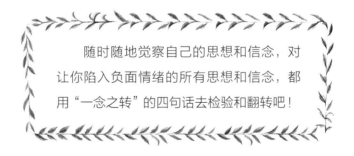

随时随地觉察自己的思想和信念，对让你陷入负面情绪的所有思想和信念，都用"一念之转"的四句话去检验和翻转吧！

第3章
生命的实相是，
你唯一能够掌握的只有它！

神奇的法则支配了我的生命，

至少为了爱我每秒钟都燃烧我的生命，

我的生命每秒钟都在爱中燃烧殆尽，

每跳一秒钟爱都焕然一新。

而这神奇的法则就是"爱"，

而爱就是"当下"。

——鲁米

今天，老师给同学们放了一部电影——《深夜遇见苏格拉底》。

　　在这部电影里，男主人公遇到了一位叫苏格拉底的老人。有一天那位老人说要带男主人公去爬山、去探险、去寻宝，男主人公很开心，跟着老人去爬了三个多小时山，他原来是以为要去寻宝，到了山顶，他说你不是说要带我来寻宝吗？苏格拉底只是让他低头看他脚下的一块石头。他非常愤怒地说："我们爬了这么久这么累，只是为了这块小石头吗？"苏格拉底讲了一句经典的话："人生最重要的是旅程，而不是目的地，整个过程你很开心不是吗？你是不是很享受这个过程呢？为什么当你到达目的地后反而不开心了呢？"在这里突然让他反思了，他永远都是活在未来，他要拿那面金牌，那个摘金的梦让他无法落地实践，让他无法活在当下，而我们每一个人都是。这部电影非常经典，电影的结尾也非常经典，后来男主人公努力锻炼，回到了体操场，代表美国去参加奥运会体操比赛。他的同学就问他说，你可不可以跟我分享一下，你表现这么优异的秘诀，这个秘密是什么呢？男主人公回答道："就是把你脑袋的垃圾全部丢掉，别管自己能不能达到目标，专注在那个时刻。"

　　"所以，成功的秘诀是什么呢？那就是无念当下。"观

153

看完电影，老师讲解道。"苏菲诗人鲁米说：'爱是当神圣的空无爱它自己的时候'，鲁米的这个诗句里指出了'爱等同于当下'的概念。在我们内在的空间里，当头脑宁静下来之时，那个时刻就是在当下、就是在爱里，而那也正是头脑'死去'的片刻。任何事情的发生都在当下，当你回忆过去是在当下，当你展望未来的时候，也只能是当下在的这一刻所发生。当我们了悟到当下是你唯一能够拥有的，你的人生是由每一个的当下所组成，你就能够明白永恒的力量就在当下。再宏观的蓝图、再远大的梦想，无不需要从当下的步伐开始，然而很多人却常常受困于未知的恐惧里，还未出征与战斗，就已经被头脑中的杂念或杂音自缚手脚、缴械投降了。在《回到当下的旅程》里写道：'大多数人都活在无意识的状态下，迷失在头脑里，头脑的世界是由过去的记忆和未来的幻想所组成的。它是一个充满思考、回忆和想象的世界，也是一个充满了意见、想法、概念和信念的世界。这个世界提供给我们当下时刻以外我们对自己的认同感，而这是最大的幻象。真相是，没有任何生命是存在于当下时刻之外的。真理就是，你不可能、也不会存在于当下时刻之外。人类善于思考的头脑是一个幻象的世界，然而几乎每个人都相信那个世界是真实的，就如同我们睡着了，活在梦里一样，这就是为什么我们必须觉醒。灵性上的觉醒或开悟，就是要从头脑那个关乎过去和未来的世界中醒过来，进入当下时刻的真理与真实之中。我们越是陷在头脑那喋喋不休、永无止境的对话里，我们与当下时刻所揭露的一切生活的实相和真理的分离就越大。当在头脑时，我们存在于一个分裂的国度里。当我们回到当下，就离开了自己分裂的国度，而进入合一的境界。这个合一的境界，是在当下这一刻，经由我们的感官觉受感知到的。在这个合一的世界里，没有任何的记忆或想象来扭曲我们的实相，也没有任何的概念、想法、意见或信念来扭曲我们对此时此地的经历体验。我们的头脑是寂静的，在那寂静与临在中，我们合而为一。如果你完全处在当下，那么你所能拥有的就只有这一刻，这就是在生命的实相中觉醒。一个觉醒的人，即使在时间的世界里运作，他仍然是深深地扎根于临在，并且知道当下时刻才是生命的实相。'"

"老师，那怎么才能真正地做到活在当下呢？"有同学迫不及待地问。

"当下就是与你此刻的感受在一起，所以要回到当下很简单，最简单的方法就是去关注自己的呼吸，就如《爱的功课》里说的：'唯一让我们回到当下的，就是我们的身体。身体的物理性，让我们有机会超越头脑及情绪的变化起伏，当回到身体的时候，头脑就不再活跃了，从而变得可以和自己在一起。佛陀的教诲就是让人们从观察自己

第三篇 创造全新的生活

的呼吸开始，身体是极具智慧的，它可以带你回到当下。'
我们的人生完全由当下、由此时此刻所组成，你的任何感
受、任何思维、任何发生的事情和经验都离不开当下，进
入当下的历程就是对周遭的环境更具觉知，所以进入当下
的第二步就是，觉知你现在所处的环境，感受当下空间的
人、事、物状态。例如你脚踩着的道路、你手里拿着的咖
啡、你身旁美丽的鲜花……"

这时，心若想起自己绘画的时候不就是全然地活在
当下吗？作画的时候，完全沉浸在放松与专注之中，仿
佛忘记了时间、忘记了空间，仅仅是沉浸在一笔一画的专
心创作。画室里的每个人，面容都透着喜悦与快乐……
安住当刻，快乐是多么容易的一件事啊！而每一个日子，
正是由一个片刻接着一个片刻所组成的啊！回归身体的
感受，全心投入过好当刻，享受当刻，在每一个当刻的完
整之中，就是成就一切梦想的原始力量。但是当下这一刻
又往往多么容易被忽略？我们受到时间的制约，总是会
忽视生命中唯一有的、最重要的东西"当下"。

"可是老师，我们总是很难做到真正地活在当下，这
是为什么呢？"

"对思想与情绪的执着是我们无法活在当下的重要原

因。我们常常会不自觉地陷入各种念头与情绪之中，当你陷入这些念头与情绪里的时候，当下就不在了。我们常常会被已经流淌的过去、还未发生的未来所困扰，而没有在当下此刻；我们也经常会被头脑中纷纷扰扰的念头所绑架，而不在当下此刻；很多时候别人的一句话、一个动作，都会在我们的头脑中产生各种评价与联想，让我们无法处于纯粹的当下此刻。举个例子：清晨出门的时候你遇到了一个人，或许别人说了一句无心的话，你心里马上就产生了不舒服的感觉，结果一整天你无论做什么，都还对早已过去的那句话和不好的感觉耿耿于怀，头脑里生出许许多多无端的揣测与杂乱的思绪。甚至几天过去了，事情早已经过去，说话的人也早已消失，可是那句话似乎还一直留在你心里无法释怀……其实生活中很多的事情都是我们自我的投射，我们总是投射他人的苦到自己身上折磨自己，使我们无法真正活在当下。"

157

老师环视了一下同学们，继续说道："今天给你们布置一个作业，你们中午用餐的时候，觉察一下自己，你在用餐时是否心不在焉地嚼着口中的食物，心里总是想着各种各样的事情呢？你有专心地处在借助食物与身体对话的当下此刻吗？细心聆听你内心的声音，这会帮助我们越来越意识到，头脑里的杂念是如何影响我们当下的生活的。当你的头脑里有太多嘈杂声的时候，渐渐地你的心就会停止说任何事，因为当你的心一再地不被听到和忽视，它就会变得沉寂下来了。哲学家中岛芭旺写道：'我们总是只有今天，我们总是只有现在。'当你全神贯注、时时刻刻专注在当下，抛下过去的包袱去做一件事的时候，你永远都不知道你有多大的潜能。"

心若想起自己很多时候都没有处于活在当下的状态，不是陷进过去让自己痛苦的事情里无法自拔，就是在担忧未来的遭遇，而这让她错过了多少眼前的美丽风景啊！有多少次孩子在身边呼唤着她的爱，心若却沉浸在自己的悲伤中忽视了孩子的渴求，而让孩子和她之间渐行渐远……想到这里心若不禁打了个冷战，原来自己的没有安住当下，创造了多少让人遗憾和后悔的事情！在那一刻，心若决定以后一定会珍惜每一个正在经验的片刻，珍惜与家人相聚的每一个日子、珍惜与朋友一起每一个充满活力的时刻，因为她知道，每一个片刻不会再来，此后她要让生命的每一个片刻，变得饱满而充足。

"我们有多少时间是全然感知到自己正在做的事呢？"老师温柔而有力量的声音传来，"当我们更能觉知当下的事物，也就是感官觉知为你揭示的世界，这时我们的意识就已经有了转变。但很多时候，当我们真的在看一棵树、一朵花时，是真的处在当下的那个临在吗？除了在感官觉知中生起的东西外，我们心里还有什么吗？我们会发现，从我们心中生起的念头总是一个接着一个，我们总是被无数的念头淹没，被念头拽着走，而很多念头都是负面的抱怨。当我们回到当下，更具觉知的'处在当下'的临在，也就有较少的思维、更多地处在当下。你的注意力完全处在此时此地，你的念头变少，因为你无法同时全然觉知并进行思考。静心可以让我们回到当下，回到当下我们就可以真正地创造。活在当下的时候才是最快乐的，其余都是徒劳没有结果的。所以，更用心、更全然的经验当下的每一个片刻吧，正如佛陀提醒世人：勿流连于过去，勿迷失于未来。过去已不存在，未来尚未发生。深入观察事物本来面貌，在当下此时此刻，追寻者自在平静，集中心智，以全部的注意力去经验眼前这一刻！"老师意味深长的说。

昏黄的灯光下，心若在笔记本上写道：

不念过去，不畏将来

你能够把握住的

只有每一个当下

当下创造命运

当下改变未来

你的人生取决于当下

过去已过去

放下即自在

抛掉思想的包袱

对过去宽恕、原谅、放下、感恩与祝福

收获喜悦和富足

更好地拥抱未来

未来不可知

对未来的所有设想与担忧

只会让你陷于焦虑的深渊

放下对未来的期许与忧虑

对未来虔诚地祈祷

相信自己有能力创造更美好的明天

保持正念

关注你的一呼一吸

专注做当下的每一件事

专注你的每一个感觉与感受

活在当下，无念当下

　　未知的未来总是让人感到担忧与焦虑，回想过去又总是痛苦的，只有用心留意当下的事物，你唯一能够惬意安身的就是存在的当下这一瞬间。就当下的这一刻而言，我们都是安然无恙的，每一个瞬间都有其独特的美丽。

> "过去已经消逝。未来从未到来。
> 真相是，没有任何生命是存在于当下时刻之外！"
>
> ——《回到当下的旅程》

第4章

带着爱的频率，
活出最高版本的自己

老师首先播放了一部影片《偷天情缘》(也叫《二月二日土拨鼠之日》)，这部影片讲述的是天气播报员菲尔，无限循环地过着同一天，最后通过改变自己对待生活的态度，走出了无限重复同一天的故事。这部影片传递的思想是，只有改变不断向外索取的心理，变成带着爱的频率去帮助别人、成为一个给予的人，并且专注地去做自己喜欢的事，才能活出最高版本的自己。

162

"在我们的生活中，有很多人的信念是'我是匮乏的'，所以不断地想从外在得到想要的东西：金钱、名声和地位等，索取已经成了他们习惯性的思维。电影中的菲尔就是一个由索取的人转变成'我可以付出些什么'的给予者，从而扩展了他的生命、跳脱了日复一日的重复生活。一个觉得自己是匮乏的、整天想着索取的人，他的内心会如何呢？他的内心一定充满了紧张、焦虑与压力，因为他随时都想着去得到些什么而无法真正静下心来，等到他得到了想要的东西，他又会想要得到更多，永远在玩追逐的游戏，无法真正享受喜悦与幸福；而总是想着如何付出给别人的人，他的内心是和平与喜悦的，是充满了满足和幸福的，因为给予本身就是一种幸福，能够让人感受到自己内在的富足。"

心若想起了过去的那个自己，不正是那个只会索取的"菲尔"吗？小时候想从父母、师长那里索要爱，长大后又想在朋友、情人那里索要爱，可是期望是通往痛苦的捷径，没有人能够满足你的所有期待，每失望一次心若的内心就狠狠地被伤一回，这么多年来心若的心已然是伤痕累累……她从来没有真正享受过喜悦与幸福的感觉，因为她从不懂得真正的爱就是给予，她不知道爱是无法从别人那里获取的，而只有当自己内在充满了爱，才能真正感受到爱。

163

接着，老师继续说道："调频的力量是巨大的，希望大家都能够学习《二月二土拨鼠之日》里的菲尔，学会调整自己的频率，让自己带着爱的频率去生活。有一个真实的故事，曾经有位学员，在某年夏天一个人帮朋友看一家小珠宝店，晚上九点，因为下大雨，街上一个人都没有，她就把店铺玻璃门虚掩上，坐回收银台后面听音乐。突然，一个穿迷彩雨衣，右手放在大口袋里戴帽子的男人推

第三篇　创造全新的生活

开门进来，对她说：抢劫！他眼睛很凶地盯着她，右手放在口袋里，保持着随时会抽出一把刀或者枪的姿势。也许是每天有静坐冥想调频的原因，她头脑中第一时间出现的不是害怕和该怎么办，也没有一片空白和手足无措，而是第一时间感觉她一定是十分安全的，她马上很冷静地看着他的眼睛，平静地说：我不是老板，我只是打工的，我没有钱。说完后她就很平静地看着他，他很明显的愣了好几秒钟说不出话，然后他说：啊，我只是和你开玩笑的。你的店里有雨伞卖吗？没有啊，那再见。他就走掉了。后来她调出店里的监控录像，发现这个男人是十分凶的破门而入的样子，很大力推开门进来的，的确像要抢劫的样子。她一直觉得那天应该是因为心里平静安全的频率，才改变了剧情，那个男人似乎能感觉到平静的磁场，从而放弃了抢劫的念头。如果她当时是很害怕很恐慌的状态，也许他会把店里的珠宝、宝石都装进自己的口袋带走。所以，大家如果内心是平静、安全、有爱的，周围的人也会变得平和起来。"（李欣频学员分享）

"老师，要如何才能调整到最佳的频率呢？"同学们纷纷提出了疑问。

"感恩就是最好、最快的调整频率的方法。感恩不是一种态度，它是在你被自己所获得、所拥有的完全浸润之时，涌现出来的感激之情。然后，保持健康的饮食习惯，你的饮食方式不仅决定了你的身体健康，还决定了你思考、感受和体验生活的方式。还有，保持微笑、清理空间和思想杂物、不关注社交媒体负面消息、做全新的尝试、早睡早起、多多静心，无论发生什么事情，保持善意、存善念、善言善行，播种爱与良善的种子；同时，若是当你执着的过往烦恼、或是纠缠不清的关系冲突再次向你袭来，练习在心里对它们说：对不起，请原谅我，谢谢你，我爱你……坚持这样的生活态度，将会在你的生活中发生积极的转变。"

看着大家若有所思的样子，老师继续提问道："同学们，请问大家心中认为的'爱'是什么呢？"

"爱就是付出。"

"爱就是给予别人帮助。"

"爱就是无条件的接纳。"

……

同学们七嘴八舌地争着回答。

"我们可以从几个维度去理解什么是真正的爱：真正的爱，能够包容一切种族、国度、政治、性别，每一个人都能够全然地接纳自己，也欣然地接纳他人，每一个人都能活出自己，也愿帮助他人活出他们自己；真正的爱，是去直视人、事、物的真实样貌，舍弃个人的意愿、成见与心理投射，抱有一颗慈悲之心，真正的、真实的看见。我们每个人心中的神性、佛性，其实就是关乎'看见'的智慧；真正的爱，不期待你有某种回报，因为他没有自我需要被喂养。他不需要计算付出的爱和收到的爱是否均衡，给予的过程就是回报，没有任何的期待和恐惧，爱就是这样纯粹，爱就是唤醒内在的生命力。"老师微笑着说道。

"所以，爱的第一个要素，就是真实、赤诚地看对方的真实样貌，而我们日常里静心的练习，都是为了让我们能够回到当下，看到事情本来的样貌。所以，静心冥想是每日必须要做的功课，如果可以，请大家回去以后坚持每天早上和睡前去做静心冥想的练习。早上做静心的时候，可以把自己想象成太阳一般，想象自己就是爱的源头，爱源源不绝地流向四方。你的爱就如大海一般，当你的内心充满了爱，所有的河流都会流向你；晚上睡觉前的静心冥想，请你把当天发生的事情做一个简单的梳理，然后从内心去感恩你自己、感恩你自己以外的十个人，然后带着这个感恩的心情，进入你的梦乡。坚持这样做，可以让你内心慢慢充满爱，慢慢地学会无条件地去爱。"

心若这才知道，原来真正的爱是不带成见地去"看见"、接纳对方真实的样貌，这在过去是她不曾做到的。过去的她总是带着自己的标准与评判去衡量他人，更不要说欣然接纳他人了，她根本就没有真正"看见"过别人啊！

> 每当你有任何机会可以去爱、可以透过分享和祝福给予时，请不要让它溜走，不要错过任何可以唤醒你友善和爱的机会。

"每当你有任何机会可以去爱、可以透过分享和祝福给予时，请不要让它溜走，不要错过任何可以唤醒你友善和爱的机会。太阳的光和热是与生俱来的，就如你一样，你本来就有能力为这个世界创造爱和价值，因为你本身就是爱和价值，无须被证明或者更多地等待。开启你乐于助人的雷达，去主动参与公益活动，当你在帮助别人的时候，你会发现原来自己可以成为他人的太阳，同时你也会照见自己内心柔软的部分，那个想要被呵护和温暖的地方，因为这是一个互相疗愈的过程。只有爱能使人生有意义，让生命值得活下去。坚持每天做一两件你不期望有任何报偿的事，这些是爱的行为，它们将会帮助你内在爱的诞生，会使你内在爱的中心活化起来，你会发现一股无条件的爱油然而生。这是一个传递爱和关怀的机会，将爱化作日常行动，活出生命所有美好的样子，它将会蜕变你的整个生命。"

然后，老师带领大家做了一个冥想，心若闭上了眼睛，深深的做了三个呼吸，随着一段优美的旋律响起，老师的声音缓缓地传来："爱跟恐惧是两个完全相反的方向，从现在开始，我们决定选择往爱的方向走，而不是把时间分给恐惧或担忧害怕……让我们跟随着音乐的流动，去想像你所想要的生活，那个活在爱与喜悦之中的生活，那会是怎么样的一幅画面呢？在那幅美妙的画卷里，你仿佛闻到了阵阵的花香、听到了小鸟那欢快的歌唱、感受到了微风夹杂着阳光的气息吹拂在你的脸庞上……你正在这个充满爱的美好世界里喜悦地生活与创造着，创造出一幅幅美丽与充满喜悦与丰盛的画卷……"（部分节选自李欣频2020年农历调频冥想）

做完这个冥想，心若心里充满了爱与喜悦……在这个爱的氛围里，心若默默在心里做了个决定：我决定选择活在爱的频率里、我决定选择活在和平喜悦里！我决定选择每天把频率拉到最高、我决定选择爱上这个世界、爱上我们的生命、爱上整个宇宙！

课堂的最后，老师还给同学们布置了回家功课："你每天醒来之时，都问问自己：今天我要如何散播我的喜乐和爱？同时祈祷今天我所遇到的一切人事物，都能够感受到我的善心与善念！然后你一天的行动都带着这句话的觉察，跟随当下的发生，扩大分享你心中的爱，爱自己，爱身边的人，爱生活的每一天。"

　　真正的变革是由内心发生的，让你过往的学习经验成为你的助力而非障碍，与你的潜意识内在世界联结，做好自己、欣赏自己，就能活出你自己。爱是一切的答案，爱可以让万事万物融合在一起，爱是让一切都变得鲜活起来的关键！

第5章
走出幻象

—— 我是一切的根源

新一天的课程又要开始了，心若怀着愉悦的心情走进了教室。

"《金刚经》里最精髓的那段话：'一切有为法，如梦幻泡影，如露亦如电，应作如是观。'相信大家都耳熟能详了，请问有哪位同学知道这句话的意思呢？"一上课老师就抛了个问题给大家。

"老师，我知道！这段话指的就是世界上一切事物都是虚幻不实的，世界上一切的事都如梦、如幻，如水面的气泡、如镜中的虚影、如清晨的露珠日出即散、如雨夜的闪电瞬息即逝。"有同学发言道。

"非常好！是的，《金刚经》全文没有出现一个'空'字，但是，全经通篇都在讨论空的智慧。世上的一切都是因缘和合，并无自性，即所谓'缘起性空'。因此，我们平常所看到一切事物的形和相，都不是真实的形和相，事物真实的形相是'无相'。我们只有持着这样的觉智，才能做到对世界上的一切都不执着，才能够做到对世界万物都无念无往，如此才可以得到真正修行的解脱。"

接着，老师继续问道："亲爱的同学们，那你们是怎么理解'一切都是游戏与幻象'这句话的呢？"

同学们都纷纷摇头表示不懂，都睁大了眼睛期待着老师的答案。

看到同学们疑惑的眼神，老师说道："我先给大家讲一个笔的故事：我们看到桌子上有一支笔，这时如果有一条小狗走进来，狗是不是把它看作一支笔？不是，狗的眼睛里看到的不是笔，可能狗觉得那是一根骨头。那到底这是一支笔还是一根骨头呢？到底谁才是对的呢？都对。再如果，我们把这个东西放在桌子上，所有人都出去，所有的狗都出去，在那一刻这个东西是笔还是骨头呢？现在它什么都不是，对，在那一刻，它什么都不是。什么是空？空是什么意思？这就是空。没有人没有狗，在那一刻，这就是空。我们正在经历的一切的人、事、物，其实都像这支笔一样，它充满无限可能性：它在人的眼里是笔，在狗的眼里是骨头，在鱼的眼里它又是另外的东西……不同的对象，会感受到不同的东西，它具有无限的可能性，这才是万物潜能——空性！而我们可以运用空性来创造你所想要的一切。"

"现在请大家思考一下：你目前最想要的是什么呢？为了实现你所想要的，你可以做些什么呢？'爱出者爱返，福往者福来。'想要爱，就去播种爱的种子，对你的家人说'我爱你'；想要丰盛，就去帮助那些需要帮助的人们；想要陪伴，就用心陪伴家中的老人，以及孤独的孩子们。万物的潜能是空性，我们同样也具有无限的潜能，创造我们想要的生活。"

接着，老师又抛了一个大难题："我们知道一切就是幻象，知道幻象可以创造一切的这个奥秘。正如我们所知道的，世界是个幻象，那我们又是怎样创造这个幻象的呢？"

看到同学们纷纷摇头不语，老师继续说道："我举个例子，有位妈妈非常不想让她的孩子玩游戏，因为她担心孩子玩游戏会影响学习成绩，她担心孩子的视力会下降，等等。妈妈的这些担忧，是在未来一段时间后孩子有可能会发生的状态，所以这位妈妈的振频，一直在事情没有发生的状态里不断担忧，在这位妈妈的心里面，它好像已经发生了，最终造成现实的结果，就是这件事情真的会有可能发生，为什么呢？因为那位妈妈在担忧、恐惧的振频里不断振动，事情在没有发生的时候，正是这位妈妈在不断创造它的呈现，当这位妈妈不停地在发射这个频率，那事情发生的概率就会变得越来越大。这就是很多人的思维模式，所以说世界是个幻象，我们就是这样创造这个幻象的。本来是一件还没有发生的事情，但因为你的恐惧，提高了它发生的概率，所以这时应该怎么解决问题呢？作为父母来说，遇到这种事首先得从恐惧的情绪里面出来，你得识破大脑给你创造的这个幻境，当你产生了恐惧的情绪，马上就要意识到的是，是孩子做这件事情给你创造的恐惧吗？不是，跟孩子做这件事情没有关系，孩子玩游戏这件事情只是引发你担忧的一个引子，也就是说担忧在你那里，而不在孩子玩游戏这件事身上。所以我们通常犯的第一个错误是我们会把事情放大，小我就是一个恐惧放大器，制造事端的家伙。第二点就是在我们的思维模式里，当你把幻象当真的时候，我们会把发生的事情当做是根源，我们就会向外去解决问题。比如说孩子玩游戏这件事情，如果你针对这件事去解决的话，你会发现你根本解决不了问题，因为我们去说教的时候，孩子是听不进去的。其实很多父母犯的一个错误就是，我要教育孩子，我要针对孩子这件事情，不停地跟孩子说教，我们忘记的是

173

第三篇 创造全新的生活

孩子就是个孩子，他的意识是不健全的。拿成年人的思维去跟一个孩子说教，是不管用的。很多父母以为那些大道理对孩子是有好处的，但是孩子接受的不是你的大道理，孩子接收的全是你的情绪：担忧、恐惧、不信任等。所以大部分的父母都是失败的父母，我们总是把关注点放在想要改变孩子上面。其实孩子是那么的纯真，你没有办法去改变他/她，因为他/她本来就是完美的，是我们在教育的过程中，让孩子变成了一个不完美的人，是我们把自己世界观里的担忧、恐惧全部都通过每天日常的教育传给了孩子。孩子不是用来教育的，而是要通过孩子来自我成长，当你成长了，你的孩子就变了。那妈妈应该怎么样去解决这个问题呢？这个时候母亲要意识到是自己的担忧和恐惧，当你停下担忧不再投射的时候，孩子自动化地就不看了，而当你不断担忧、焦虑的时候，我们只会创造出这个实相。再举个例子，比如说一个人有金钱的匮乏感，他觉得没钱的时候，想到的第一个简单的解决方法就是去赚钱，他觉得有了钱就不匮乏了，但实际上，首先这个人赚钱会很难，因为他的内在有匮乏感的话，他的价值感很低，也就很难赚到钱，越赚不到钱他的内在就越有匮乏感，这样就变成了恶性循环，即便有可能他赚到了钱，但是这个金钱会把他压垮，越有钱就越匮乏、压力和恐惧就越大。所以解决问题的方法在哪呢？"

老师微笑着看着大家，继续说道："首先要看见自己的匮乏感，从恐惧的迷雾中出来，才能真正解决问题。问题永远在自己身上，不在外面的事上面，我们从事情的层面上解决的问题都是假象，因为你才是那个投影仪的原点，你才是根源，无论跟任何事情发生关系，你都是那个根源。所以我们必须从自己身上找问题，这样我们才能不被幻象所控制，从事情的层面是无法真正解决问题的，只有从能量层面去解决才是根本的办法。如果我们意识不到这点，就会天天生活在幻想里面，每天你都会觉得这个事好严重、那个事好严重，我要怎么办？我们在事情的层面就是在幻境的层面，在幻境的层面就是被生活所主导，被各种各样的事、各种各样的情绪所牵绊。所以你想要主导生活，想要在这个世界愉快的玩耍，那你必须扭转你的思维，你必须要看到真相，你必须要知道所有事情的按钮在你自己身上。让我们好好地发挥自己的创造力，相信自己就是那个可以影响自己的人，一起去活出生而为人的奇迹吧！"

　　心若在心里默默念道："如果人生是一部电影，那么我们就是投影仪的投影源，所有的问题都必须从自己身上找根源，这样我们才可以从幻境中出来，因为所有在事情的层面的问题都还是在幻境里……我才是一切的根源，每个人都是'地球智者'，能创造无限的可能……如果过往的一切都是我自己所创造的，我的感情总是坎坷曲折也是我自己所创造吗？我为什么会创造这样的剧情呢？对了，年少时的我不是很喜欢看琼瑶小说吗？里面凄美的爱情让我痴迷，所以我才为自己创造了这么一出凄美的爱情故事吗？"心若心里不禁打了个寒战："潜意识的力量真的好强大！以后一定要正面思考，保持好的意念，聚焦于自己想要的人、事、物，不要再无意识地创造一系列的悲剧让自己受苦而不自知了！"

　　"相信很多同学都听说过'冰山理论'吧？如果把每个人都比喻成大海里的一座冰山，那每一座冰山就是每一个的自我意识，即'小我'，而冰山露出海面的地方就是我们的表意识，或者叫显意识，而在海平面下的那一大部分冰山就是我们的潜意识。一个人在表意识层的问题，都是因为在他的潜意识出了问题，即文化背景、家庭背景、创伤系统等造成的信念系统，反映在显意识里所造成的结果。即显意识里的所有不圆满，都可以在潜意识层找到对应的信念。其实所有的抓取、愤怒、恐惧、嫉妒等负面情绪，都是小我的程序而已，不是真实存在的，它们都不是真实的我。《臣服之享》中写道：'我们所有负面的东西都源自最狭隘的小我，这个小我的特性就是所思所想都偏向负面，因此在无意识下，我们会倾向认同小我所有自我设限的观点。但小我不是全部的自己，在小我之外，还有一个更宏大更超脱的高我。我们或许还没觉知到自己内在的这个高我，但即使体验不到，高我仍在那里。如果能够放下对高我的抗拒，便能开始意识到它、体验到它。因此，抑郁与冷漠的意识状态，是因为我们情愿拥抱小我及小我的信念系统，并且抗拒能够与负面情绪相抗衡的高我。'因此我们可以有意识地与自己的本质联结，真实的我本质是和平、喜悦和爱。当我们能够在更高的维度去看，看到棋盘里的棋子，无论是黑棋白棋，都只是小我的程序，只要肉身存在，小我就会一直存在，我们就可以坦然地接受这个'小我的程序'，知道所有的情绪、所有的念头都不是真正的你。你越快从情绪与念头里抽离出来，你就能越快联结真我，回到真实的自我、回到和平、喜悦与爱里。当你能够做到这点，你就能够真正地做到无条件接纳自己、爱自己。我们所说的修行，就是要把小我的边界融化掉，从小我回归大我，就像冰山融化后与大海融为一体一样。其实所有的界限都是人为的，所有的爱恨情仇都是因为自我的界限，当小我消融掉的时候，附着在小我身上的所有烦恼、情绪等，就会统统都跟随着小我的消融而消失殆尽。这时候你就会与大海融为一体，成为内怀慈悲的、活在平和与喜悦之中的人。

"在最高的层次，爱展现为一种高速旅行的粒子，它的速度如此之快，可以瞬间无所不在、无所不是、无所不有。它是原子内部的一个成分，可以把组成原子的所有次原子凝聚在一起。它是一种作用力，就像物理上的重力或磁力，但是大多数人并不了解爱是一种力量。曾经人们以为没有什么比光更快的东西，其实不然，只是人类对这些不太了解。爱也一样，对于生活在地球上的整体人类而言，能够展现的爱是有极限的。然而更多的爱是有可能的。你们所有伟大的上师与导师都透过与某种中间介质、爱的次元、合作，把更多爱带到地球。2020是宇宙开始加速以爱显化美好的一年。爱的丰盈让人人幸福，爱的匮乏让人间沉沦。以光与爱让世界不同，是人生旅程的目的……邀请你放大爱的流动，祝福自己，祝福世界吧！"课程的最后，老师动容地说。

此时心若的脑海里浮现出《遇见未知的自己》里的一句话："所有发生在我们身上的事件都是一个经过仔细包装的礼物。只要我们愿意面对它有时候有点丑恶的包装，带着耐心和勇一点一点地拆开包装的话，我们会惊喜地看到里面珍贵的礼物。"

在温暖的灯光下，心若打开了笔记本，她要为自己的生命历程做一个小小的总结：

1.我接纳自己的无力感，我接纳自己的无助和愤怒，我决定不再当受害者，我决定不再抱怨！

2.外求的路注定是一条死胡同，凡事向内看，不再往外索取。要解决困境，唯一的办法就是培养自己内在的平和，心灵的富足才是真正的富足，自足圆满才是真正的智慧之路。

3.无所畏惧方自由，我不再害怕失去，也不再害怕会受伤害。我要强大自己的内心，学会独立自主，不仅是物质上，还有精神上的独立；我不再依赖任何人，任何人离开我，我都有holp住自己人生的底气与力量；无论遇到什么问题，我依然能够保持心灵的平静，不会再轻易为外界的任何人、事、物所影响，如如不动的过自己的生活，不再执着任何外在的事物，有也好，没有也无妨，我照样快乐！

4.每个人都有自己的命运与功课，我选择尊重他人的命运，我选择理解他人现在所处的人生阶段与局限，我完全接纳他们现在的样子，不再想要改变任何人，因为每个人能改变的只有自己，改变自己就能改变世界！我相信他人所有让我感到受伤的行为，都不是他们要故意去伤害我的，那是他们的人生蓝图设定的此生功课，是他们在此刻这个人生阶段的局限与问题。我愿意选择宽恕与放下，并祝福对方、祝福自己！

5.当别人的行为让我感受到负面情绪时，我会回到自己身上找原因："为什么这个行为会让我产生负面的情绪？那是因为我的信念系统里存在哪个木马程序？"然后彻底地删除这个木马程序，重新置换成正面的信念，然后继续自己的美好人生。

6.从今天开始，我为自己的生命负责，为自己的幸福快乐负责；先对自己微笑，再对别人微笑；我坚定不移地信任自己的美好、信任自己的价值、信任自己的能力、信任自己值得一切的美好！从此我只选择让自己感觉快乐的想法与念头，我只去着眼一切人、事、物美好的一面，我选择创造美好的未来……

爱是一切的解答，

爱自己是一切的源头。

当自己足够爱自己，

当自己成为爱的本身：

说爱的语言，

做爱的行为，

怀爱的心意，

你就成了爱的磁石，

源源不断地吸引，

充满爱的念头，

充满爱的事件，

充满爱的人……

爱会助长爱，

把负面能量放下，

无论发生什么，

也不论别人做了什么，

都保持微笑，

保持无条件且不变的爱，

永远抱持乐观积极的态度，

永远心怀慈悲，

永远从一切事物中看见事情本身的价值，

看见其值得被爱的地方，

你便永远活在爱里，

活在和平与喜悦之中。

写完这段文字，心若长长地舒了一口气，露出了会心的微笑……这天晚上，心若做了一个美好的梦：

从前有一个美丽的小花精灵公主，她可爱又美丽，吸引了很多喜欢她的小精灵。后来小花精灵公主渐渐长大了，她选择了一位自己喜欢的精灵王子在一起。小花精灵公主非常的开心，她梦想着他们有着甜美浪漫的爱情……可是，一天天过去了，小花精灵公主发现，她的精灵王子对她的爱情在慢慢消退。她非常着急，不知道问题出在哪里了。终于有一天，精灵王子情绪非常低落，于是小花精灵公主鼓起勇气问："为什么你现在总是那么不开心呢？是你不喜欢我了吗？"

精灵王子看着美丽可爱的小花精灵公主说："我依然很喜欢你，可是和你一起以后，我感觉自己有点力不从心了……"

"为什么呢？"小花精灵公主不解地问道。

"我也说不清楚，但是我感觉自己总是得不到来自你的关心和爱……所以我有点沮丧，我在想是不是自己不够好，所以得不到你的关心和爱呢？"精灵王子有点悲伤。

这时小花精灵公主想起自己和精灵王子的相处，确实是她总是向精灵王子要爱，让他满足她，她就感觉很幸福，但是她忘了精灵王子也需要爱的啊！她好像真的从来没有想过给予爱……想到这里，小花精灵公主吓了一跳，没想到我居然这么心安理得享受他的爱，自己却从来没想过要给予爱……小花精灵公主羞愧地低下了头，红着脸小声地说道："对不起，是我做得不够好，一直以来我都忽视了你的感受……请你原谅我！但是我现在已经知道自己的问题了，我一定会改正的，请你相信我。可能我从小被爸爸宠爱习惯了，从来不知道原来也需要给予自己的爱，我不知道原来爱是需要流动的，是需要双方的付出与接受的平衡的……"

听到小花精灵公主的这番话，精灵王子感动地握着她的手说："是我不好，我应该早点向你敞开表达自己内心的感受好好沟通的，原来这只是一场误会……我差点就想要放弃这份感情了呢，幸亏了你今天的这番话……对不起，这段时间我也让你伤心了……"

精灵王子和小花精灵公主紧紧拥抱在一起，爱意蔓延在他们的身边……

带着满满的爱和感动，心若离开了工作坊，踏上了回家的路途。心若知道，从此她的人生不再一样，她即将开启一个全新的生命旅程，她要成为一颗传播爱的种子，像太阳一样，去照亮别人、温暖自己。

问题永远在自己身上，不在外面的事上面，你才是那个投影仪的原点。当我们意识到我们所深信的，不过是幻象时，才能放下所有那些让我们感觉不舒服的人、事、物。

后记

经历了一场身心灵的洗礼，疗愈了自己的伤痛，心若心里充满了力量。心若已经懂得，那些来到她生命中的所有风暴，都是她生命的变革者，随着生命之河的持续流淌，回头发现，原来那记忆中的"伤痛"深处，蕴含着多么深刻的慈悲。那是宇宙用尽心思馈赠给我们的礼物。然而，必须透过学习，才能真的认出它的珍贵。这礼物，就是我们穿越恐惧与无力，透过自己的探索与创造，所获得的经验与力量：家排个案让心若明白了她的依赖和"小女孩"模式，是为了让她成长为一个独立、负责任的成熟女人；人生蓝图的解读，让心若清晰知道她人生所有问题的根源，在于她从小一直从妈妈那里得不到想要的爱，便误以为自己是不被妈妈爱和信任的，从此她关上了爱的心门，而眼前发生的这一切，都是为了激发出她内在巨大的爱的能量。当她成长为一个独立的、懂得负责任的成熟女人，从她内心巨大的爱的能量被激发出来的那一刻起，她就拥

后
记

有了为他人的生活带来转变的能力，那就是她的人生蓝图要告诉她的人生使命：要用自己的爱与智慧，给予他人。

明白了所有的一切，心若作了一个生命中最重要的决定：她要成为一名身心灵工作者。从此心若开始了她生命的新征程：往后的岁月里，她在身心灵成长的道路上不断自我成长、自我探索。心若没有一刻停止过探索自己、探索身心灵成长的步伐，经过五年的不懈学习，心若已经成为一名真正的身心灵疗愈师，去践行她的人生使命。

而过去这些年，心若体验够了爱情悲剧的凄美，不想再体验这样的游戏，她拉开了她爱情喜剧的剧幕：在心若的爱情喜剧里，她与伴侣之间的关系，已经成长为一段幸福美满的感情，而她与伴侣已成为非常契合的灵魂伴侣，他们之间充满阳光幽默、充满爱与智慧，他们彼此都愿意给予对方至深的友情与爱，不仅在高昂的时候如此，在低沉的时候亦然；不仅在清楚记得自己真正是谁的时候如此，在不记得的时候亦然。他们永远愿意看到对方生命内在的神圣之光，并且互相分享这光，尤其是在黑暗来临的时候；他们愿意永远在一起，做灵魂的神圣伴侣，跟他们所接触的每个人分享他们生命内的美好事物……在这段关系里，他们彼此都是一个懂得爱自己的、完整的圆，而非是需要对方去填补自己缺失的、不完整的缺角的圆。

他们彼此都懂得自我负责、懂得真正的爱是彼此分享自己的爱与美好，而非向对方索取爱或自信、安全感等以满足自己的需求。在这段关系里，他们彼此自由，彼此尊重对方的独立空间，没有控制与嫉妒、没有索取与埋怨；他们一起探索生命与宇宙的奥秘、一起体验生活的美好与乐趣；他们彼此共振，一起在地球上通过喜悦的方式学习爱与智慧……这是心若所想到的人世间最美好的亲密关系，也是她正在并将永远演绎下去的人生剧本，她的爱情喜剧。

……

看着眼前这个因为先生出轨而痛苦的楠楠，心若不禁一阵心痛，那不就是曾经的那个自己吗？

心若拿了两个大大的枕头放在女孩的面前，让她把枕头当成她的丈夫，然后让她使劲地去打那两个枕头。女孩一开始还是很低落，情绪根本出不来，心若慢慢引导她把心中所有对丈夫的烦恼、不满统统发泄出来。经过一轮捶打，女孩越发地进入了状态，终于痛快淋漓地哭了出来，心若知道郁结在女孩心中所有的痛苦与烦恼，终于有了宣泄的出口。

当女孩的情绪逐渐平复，心若便开始问女孩："如果你先生出轨这件事情是你自己创造出来的，想一下为什么你会在自己的生命里创造这样的事件？"

女孩摇摇头，说道："这怎么可能是我自己创造的呢？"

心若继续问道："那你先生出轨，对你有什么好处吗？"

女孩想了想，说道："如果他的出轨有什么好处的话，或许那就是我有了离开他的理由吧！"

"为什么你想要离开他呢？"心若继续问道。

"因为婚后我感觉到自己很不快乐，所以我想过要离开他。"

"既然是你想要离开你丈夫，为什么他出轨了你反而感到痛苦呢？"

"虽然我是有离开他的想法，但是当他真的出轨的时候，我感觉到自己被抛弃了、感觉自己没有人爱了，这让我感觉到很痛苦。"

"所以，并不是你丈夫出轨的事情让你感到痛苦，而是你丈夫出轨的这件事，引起了你有被抛弃、不被爱的感觉而让你感到痛苦，对吗？"心若继续问道。

"好像……是这样的。"女孩点头认同。

"所以，你的问题不是你丈夫出轨，问题的根源在于你内心深处的'不被爱'和'被遗弃感'。请你回想一下，你能想起你第一次感受到'不被爱'和'被遗弃'的感觉是什么时候的事吗？"

女孩沉思了一会，回答道："我记得小时候，有一次家里来客人了，我感到很开心，就说了很多话。我清楚记得在客人离去后，我无意中听到妈妈对爸爸说了一句：'这孩子怎么这个样。'我当时内心就感觉被狠狠刺了一刀，心里好痛，那时起我就觉得爸爸妈妈不爱我了……"女孩说着，哭了起来。

心若慈爱地看着女孩，摸着女孩的头温柔地说道："那不是你的错，那不是你的错……你父母并不是不爱你，那是当时的你误解了他们。来，你坐在这个椅子上，想象你回到了当时的情景，看着你对面的那张椅子，想象椅子上坐的是你的父母，现在你会对你父母说什么呢？"

"爸爸妈妈，你们是不是不喜欢我、不爱我了？你们不喜欢我，所以那时候你们才会嫌弃我，对吗？"女孩看着对面的空椅，委屈地问道。

然后，心若引导女孩坐到对面的椅子上代表女孩的父母。女孩坐到了父母的位置，回答道："不是这样的，你误会我和爸爸了，你永远是我们最爱的女儿，我们怎么会不爱你、嫌弃你呢！当时是因为家里来了重要的客人，你在父母与客人谈事情的时候，很兴奋地唱歌跳舞，打扰了爸爸与客人谈事情，所以妈妈才会那样说的，但是爸爸妈妈并没有一丝的不爱你啊！这些年来爸爸妈妈都一直用我们认为最好的方式去爱你，或许有时候这些方式不是你想要的，甚至是你不喜欢的方式，但是爸爸妈妈已经尽了自己的努力去爱你、照顾你了，你能感受到爸爸妈妈的爱吗？"

说完，女孩的眼里含满了泪水。这时心若又让女孩回到自己的位置，恢复自己的女儿的身份，看着对面的"父母"说道："爸爸妈妈，对不起，是我误会你们了……我一直只盯着那件事，执着地认定你们不爱我，我完全忽视了这些年你们是如何爱我、照顾我……是我错了，爸爸妈妈，对不起，我居然还一直恨你们、伤害自己去报复你们……"女孩流下了悔恨的泪水，掩面哭泣。

"乖孩子，爸爸妈妈从来没有怪过你，你永远是我们心里最爱的宝贝！不要责怪自己，你能幸福快乐地生活，就是对爸爸妈妈最好的报答。"女孩仿佛听到了爸爸妈妈微笑着对她说。

有了这份明白，女孩渐渐地恢复了平静："现在我的心里感觉很安稳、很温暖，我知道自己一直都是被深深爱着的。老师，谢谢你！我现在对先生的出轨也感觉到没有那么愤怒和悲伤了，我能够接受这个现实了。"

心若看到女孩的脸上渐渐展露出笑容，心里感到无比的欣慰："是的，接受现况，接受你当下所有该面对的考题和功课，才能从这里面找到你必须要去面对的功课的通关办法。接受才是唯一的，当你能够接受这个事实的时候，你才会去想自己能够为这个事情做什么。把你过去的悲剧，重新编写成喜剧，而不再待在自怨自艾的频率里面创造更多的悲剧。当你完全把当下这门功课做到最好，全然接受的时候，你才有办法翻篇。圣严法师说：'面对，接受，处理，放下'，当你学会面对、接受这一切，你就知道怎么处理，当这些处理完的时候，其实再大的课题和困难也都不是困难了。"

女孩点点头，回答道："可是老师，我感觉自己还是很难做到放下……"

心若慈爱地望着女孩，继续说道："孩子，记住所有已经发生的事，我们只能够接受它、面对它。李欣频曾说：'情绪是你内在的路径，如果你有任何负向的情绪：愤怒、哀伤、忧郁、被误解、感觉不被公平的对待、不被爱、没有存在感、觉得自己无能为力……，这些负向的频率发生的时候，请不要躲避，记得要往内在看一下、往过去回顾一下，向内探索，究竟这个情绪是从哪里来的？最早发生这样的情绪是在什么时候？当时到底发生了什么事情，而让这个感觉藏在内心深处，变成随时引爆的情绪地雷？然后勇敢地去清理，彻底的疗愈好自己，这样才不会带着过去的情绪地雷继续前行，才能向内疗愈旧伤蜕变成转折点。'希望你能够好好地体会一下这段话，这对你会有非常大的帮助。"

女孩决定地望着心若，回答道："谢谢老师，我一定可以做到的！"

心若微笑着继续说道："张之华说过一句话：'我尊重你的命运，理解你的局限，我完完全全接纳你现在的样子。'我觉得这句话非常适合现在的你。每个人都有自己的命运与局限，除了完全接纳对方现在的样子，其他的一切都是徒增伤悲与痛苦而已。所以，把注意力拉回来，专注在自己的身上，不断地完善自己、圆满自己、活出自己，才是最终的法门。而对于所有你看不惯的别人的行为，要先回到自己身上找答案：'为什么我会讨厌这样的行为？是因为我内心的哪个问题还没有疗愈？'接纳事实就是如此，然后放下，不再受这件事情的影响，保持自己内心的和平与喜悦，继续专注地去活出自己的精彩。心灵的平静富足才是真正的富足，做一个富足的人，保持心灵的平静，如如不动，不再受任何人、事、物的影响，你就是最强大、最富足的人！"

女孩的眼神逐渐变得坚定起来："嗯，老师，我明白应该要怎么做了！"

"时刻记住你是深深地被爱着的，所有'我不够好、我不被爱'的声音都不是真的，是小我创造出来的幻象。我们每个人心里都有佛性，我们每个人都是独一无二的存在，学会好好爱自己，才能够真正地去爱别人。你才是一切的根源，是你的信念创造了你的世界，而你的信心可以为你创造出奇迹，永远选择活在爱的频率里，活在和平、喜悦里……祝福你，孩子！"

听完心若的话，女孩激动地握着心若的手说道："非常感激老师这一路的陪伴和帮助，让我从迷雾中看到了指引我的光和方向……我不知道该如何表达我的感激之情，因为您我学会了更多看待生命和生活的视角，我现在感到很平静、很和平……感恩老师！"说完，女孩紧紧地拥抱着心若，然后与心若道别。

看着女孩在阳光下渐行渐远的身影，心若的嘴角浮现出一丝微笑……

图书在版编目（CIP）数据

灵性生活：让幸福来敲门 / 余翊嘉著 . —北京：
中国城市出版社，2021.6
ISBN 978-7-5074-3406-4

Ⅰ.①灵…　Ⅱ.①余…　Ⅲ.①心理学－通俗读物
Ⅳ.①B84-49

中国版本图书馆 CIP 数据核字（2021）第 220138 号

责任编辑：陈夕涛　吕　娜
责任校对：张　颖

灵性生活　　让幸福来敲门

余翊嘉　著

*

中国城市出版社出版、发行（北京海淀三里河路 9 号）

各地新华书店、建筑书店经销

逸品书装设计制版

北京市密东印刷有限公司印刷

*

开本：850 毫米 ×1168 毫米　1/32　印张：6⅝　字数：126 千字
2022 年 1 月第一版　　2022 年 1 月第一次印刷
定价：**56.00 元**
ISBN　978-7-5074-3406-4
（904358）

版权所有　翻印必究